以 Java 專案驅動的基礎指南

高生產力軟體開發實務

Real-World Software Development

A Project-Driven Guide to Fundamentals in Java

Raoul-Gabriel Urma and Richard Warburton　著

張耀鴻　譯

目錄

前言

精通軟體開發需要學習一些迥然不同的概念。無論你是一個剛入行的初級軟體開發人員，抑或即使你已經有了一些經驗，這似乎都是一個無法逾越的障礙。你是否應該花時間學習像 SOLID 原則、設計樣式或測試驅動開發之類的物件導向世界中已被大家所接受的主題？還是應該嘗試一些像函數式程式設計這樣越來越流行的東西？

即使你已經選擇了一些主題來學習，通常也很難確定它們是如何結合在一起的。什麼時候應該在專案中應用函數式程式設計概念？什麼時候應該擔心測試？如何知道在什麼時候該引入或改進這些技術？你是否需要讀一本關於這些主題的書，然後再讀另一組部落格文章或影音視頻來理解如何把這些內容放在一起？要從哪裡開始呢？

別擔心，這本書可以協助你透過以專案為導向的整合學習方式，來學習成為成為一名高生產力的開發人員所需要知道的核心主題。不僅如此，我們還展示了如何將這些東西組合成更大的專案。

為什麼我們要寫這本書？

多年來，我們積累了豐富的教導開發人員寫程式的經驗。我們既寫過關於 Java 8 的書籍，也舉辦了有關專業軟體開發的培訓課程。在這個過程中，我們被公認為 Java 的擁護者和國際研討會的主講者。

多年來，我們發現許多開發人員都可以從一些核心主題的介紹或複習中受益。設計樣式、函數式程式設計、SOLID 原則和測試通常都能夠以各自的做法來覆蓋實務上的問題，但是很少有人提及它們是如何很好地相互配合，人們有時甚至會因為對學習內容的選擇麻痺而放棄提升自己的技能。我們不僅想要教導人們核心技能，更要以一種容易上手和有趣的方式來進行。

開發人員導向的方式

這本書也為你提供了一個學習以開發人員導向方式寫程式的機會。本書包含大量的範例程式，每當我們介紹一個主題時，都會提供具體的範例程式，你可以取得書中專案的所有程式碼，因此，如果你想繼續學習，甚至可以在整合式開發環境（IDE）中逐步研讀書中的程式碼，或是嘗試執行程式來觀察結果。

科技方面書籍另外一個常見的錯誤是，它們通常是以正式的、講課的方式所編寫，而正常人講話並不是這樣！本書是以會話風格（而不是擺出高人一等的態度）來撰寫，有助於你參與其中。

這本書裡面有什麼？

每一章都圍繞著一個軟體專案而展開，如果你一直跟著學，在一章的結尾，你應該能夠寫出那個專案。這些專案一開始是簡單的命令列批次程式，但隨著複雜性的增加，它們會逐漸發展成為功能齊全的應用程式。

專案驅動的結構有很多好處。首先，你將看到不同的程式設計技術如何在整合的環境中協同工作，當我們在本書的最後部分看到函數式程式設計時，它不僅僅是抽象的集合處理操作，而是為了推估所討論專案的實際結果而提出的，這解決了教材中證明是好的想法或方式，但開發人員經常不恰當地或斷章取義地使用它們的問題。

其次，專案驅動的方式有助於確保在每個階段都能看到實際的例子。教材中經常有很多範例類別取名為 Foo 而方法則常被稱為 bar。我們的範例與所討論的專案相關，並展示了如何將這些想法應用到實際問題中，類似於你在職業生涯中可能遇到的問題。

最後，用這種方式學習會更有趣、更有吸引力。每一章都是一個全新的專案，也是一個學習新事物的機會。我們希望你們能從頭到尾讀一遍，並且真正享受閱讀過程中的樂趣。這些章節以一個將要解決的挑戰開始，逐步引導你完成解決方案，然後透過評估你學到了什麼以及如何解決挑戰來結束。我們在每一章的開頭和結尾都特別指出這個挑戰，以確保你清楚它的目標。

誰應該閱讀本書？

我們相信，來自各種背景的開發人員將在本書中發現有用和有趣的東西。儘管如此，有些人會從這本書中獲得最大的價值。

我們認為初級軟體開發人員是本書的核心讀者，通常是剛從大學畢業或從事程式設計工作的前幾年。你將會學習到我們希望在你的整個軟體發展生涯中相關的基本主題。你無需具有大學文憑，但需要瞭解寫程式的基礎知識，才能充分利用本書。例如，我們不會解釋什麼是 if 敘述或是迴圈的概念。

你不需要具備太多關於物件導向或函數式程式設計的知識，就可以開始閱讀本書。在第 2 章中，我們從基礎教起，不做任何假設，只假設你知道類別是什麼，並且可以將集合與泛型一起使用（例如，List<string>）。

另一個對本書特別感興趣的族群是想要學習 Java 的開發人員，他們已經很熟悉另一種程式設計語言（例如 C#、C++ 或 Python）。這本書可幫你快速掌握語言結構，以及編寫好的 Java 程式碼所需的原則、實務和習慣用法。

如果你是一名較有經驗的 Java 開發人員，可跳過第 2 章，以避免重複閱讀你早就知道的基本內容，但是第 3 章將會包含對許多開發人員有益的概念和方法。

我們發現學習可以成為軟體開發中最有趣的部分之一，希望你在閱讀這本書時也能發現這一點，並希望你在閱讀本書的歷程中玩得愉快。

本書編排慣例

本書編排慣例如下：

斜體字（*Italic*）

　　表示新的術語、URL、電子郵件位址、檔案名稱和副檔名。

定寬字（Constant width）

　　用於表示程式碼，以及段落中所引用的程式元素，例如變數或函式名稱、資料庫、資料型別、環境變數、指令敘述和關鍵字。

定寬粗體字（**Constant widthbold**）

　　顯示應由使用者按照字面輸入的命令或其他文字。

定寬斜體字（*Constant width italic*）

顯示應由使用者所提供的值替換的文字或由上下文決定的值。

 此圖示表示一般性的說明。

使用範例

補充教材（範例程式碼、練習等）可從 *https://github.com/Iteratr-Learning/Real-World-Software-Development* 下載。

如果你在使用範例時遇到技術上的問題或疑問，請寄電子郵件至 *bookquestions@oreilly.com*。

本書是要幫助讀者解決問題。一般來說，讀者可以隨意在自己的程式或檔案中使用本書的程式碼，但若是要重製程式碼的重要部分，則需要聯絡我們以取得授權許可。舉例來說，設計一個程式，其中使用數段來自本書的程式碼，並不需要許可；但是販賣或散佈 O'Reilly 書中的範例，則需要許可。例如引用本書並引述範例碼來回答問題，並不需要許可；但是把本書中的大量程式碼納入自己的產品，則需要許可。

另外，我們很感激各位註明出處，但並非必要舉措。註明出處時，通常包括書名、作者、出版商、ISBN。例如：「*Real-World Software Development* by Raoul-Gabriel Urma and Richard Warburton（O'Reilly）. Copyright 2020 Functor Ltd. and Monotonic Ltd., 978-1-491-96717-I」。

如果覺得自己使用程式範例的程度超出上述的許可範圍，歡迎與我們聯絡：

permissions@oreilly.com。

歐萊禮線上學習

近 40 年來，歐萊禮媒體（*O'Reilly Media*）為企業提供技術和商業培訓、知識和洞察力，以幫助企業獲得成功。我們獨特的專家和創新者網路透過書籍、文章、研討會和線上學習平臺分享他們的知識和專長。

O'Reilly 的線上學習平臺提供了可依照你的需要存取的即時培訓課程、深入的學習路徑、互動式撰寫程式碼的環境，以及來自 O'Reilly 和 200 多個其他出版商的大量書面和影片資料，請前往 *http://oreilly.com* 以獲得更多的資訊。

如何連絡我們？

請將有關本書的意見和問題告知出版商：

O'Reilly Media, Inc.
1005 Gravenstein Highway North
Sebastopol, CA 95472
800-998-9938 （in the United States or Canada）
707-829-0515 （international or local）
707-829-0104 （fax）

本書的專屬網頁列出了勘誤表、範例和所有其他資訊，你可以透過以下網址來存取該頁面：*https://oreil.ly/RealWorld_SoftwareDev*。

若要對本書發表評論或提出技術上的問題，請寄電子郵件至 *bookquestions@oreilly.com*。

更多有關我們的書籍、課程、研討會和新聞的資訊，請造訪我們的網站 *http://www.oreilly.com*。

也可以透過臉書找到我們：*http://facebook.com/oreilly*。

或在推特上關注我們：*http://twitter.com/oreillymedia*。

或是觀看我們的 YouTube 影片：*http://www.youtube.com/oreillymedia*。

第一章

展開旅程

本章將介紹這本書的概念和原則,我們會以**實作和原則重於技術**的方式做一個整體的概述。當今已經有很多關於特定技術的書籍,我們不想在這堆書裡面再加上一本。這並不代表說特定語言、框架或函式庫的知識細節沒有用,只是它的保存期限比通用的實作和原則短,而實作和原則不但適用於更長的時間,並且可以跨不同的語言和框架,這就是本書可以幫得上忙的地方。

主題

在整本書中,我們用了一個以專案為基礎的架構來幫助你學習,值得深思的是如何將貫穿章節的不同主題連結在一起,以及我們為什麼要選擇它們。以下是貫穿各章的四個不同主題。

Java 的特色

第 2 章將討論如何用類別和介面來將程式碼結構化,第 3 章則討論例外和套件,並簡要概述了 lambda 表達式。接著在第 5 章將說明區域變數型別推斷和 switch 表達式,最後在第 7 章會詳細介紹 lambda 表達式和方法參照。Java 語言特性很重要,因為很多軟體專案都是用 Java 編寫的,所以瞭解 Java 語言的工作原理將會很有用。而這些 Java 語言特性在許多其他程式設計語言（例如 C#、C++、Ruby 或 Python 等）中也很有用，儘管這些語言有所不同，但是瞭解如何使用類別以及核心 OOP 概念對於不同語言的應用還是很有價值的。

軟體設計與架構

本書介紹了一系列的設計樣式，為開發人員所遇到的常見問題提供了共通的解決方案。瞭解這些非常重要，因為儘管每個軟體專案看起來都不一樣，而且都有各自的問題，但在實務上，其中許多問題以前都遇到過。瞭解開發人員已經解決的常見問題和解決方案，可以避免你每次在新的軟體專案中都要另起爐灶，以便能夠更快速、更可靠地交付軟體。

本書在第 2 章的開頭介紹了高階的耦合和內聚概念，而通知樣式（Notification pattern）將在第 3 章中介紹。第 5 章則介紹了如何設計一個使用者友善的流暢應用程式介面（Fluent API）和建構者樣式（Builder pattern）。接下來，在第 6 章研究事件驅動和六邊形架構的整體概念，並在第 7 章介紹儲存庫樣式（Repository pattern）以及函數式程式設計。

SOLID

我們將在各個章節中涵蓋所有 SOLID 原則，這些原則主要是用來讓軟體更易於維護。雖然我們認為編寫軟體是有趣的，但是如果你成功的編寫了軟體，那麼它將需要不斷的演進、成長和維護。儘量讓軟體易於維護有助於功能的演進、維護和長期增添新的特色，我們將討論的 SOLID 原則和章節如下：

- 單一職掌原則（SRP），在第 2 章討論

- 開放／封閉原理（OCP），在第 3 章討論

- Liskov 替換原則（LSP），在第 4 章討論

- 介面隔離原則（ISP），在第 5 章討論

- 依賴倒置原則（DIP），在第 7 章討論

測試

編寫可以隨著時間的推移輕鬆演進的可靠程式碼非常重要，而自動化測試是實現這一點的關鍵。隨著你所編寫的軟體規模越來越大，手動測試不同的可能情況變得越來越困難。你需要將測試過程自動化，以避免花費大量人力來測試你的軟體。

你將在第 2 章和第 4 章中學到編寫測試的基礎知識，而這些在第 5 章中會被擴展到測試驅動開發（test-driven development，TDD）。在第 6 章中，我們將介紹測試替身，包括模擬和存根的使用。

本章總結

以下是各章的概述。

第二章，銀行對帳單分析程式

> 你將編寫一個程式來分析銀行對帳單，以幫助人們更瞭解他們的財務狀況。這將有助於你進一步瞭解物件導向的核心設計技術，例如單一職掌原則（*Single Responsibility Principle*，SRP）、耦合和內聚。

第三章，擴充銀行對帳單分析程式

> 在本章中，你將學到如何擴充第 2 章的程式碼、添加更多的功能、使用策略設計樣式、開啟／關閉原則，以及如何使用例外對故障進行建模。

第四章，文件管理系統

> 我們將在本章幫助一位成功的醫生更好地管理她的患者病歷。這將引進一些概念，例如軟體設計中的繼承、Liskov 替換原則，以及組合和繼承之間的權衡。你還將學到如何利用自動化測試程式碼來編寫更可靠的軟體。

第五章，業務規則引擎

> 你將瞭解如何建構核心業務規則引擎，這是一種定義靈活且易於維護的業務邏輯的方法，本章的主題包括測試驅動開發、Fluent API 和介面分離原則。

第六章，*Twootr*

> Twootr 是一個訊息傳遞平台，讓人們將簡訊廣播給關注他們的使用者。本章將打造一個簡單的 Twootr 系統核心，你將從中學到如何由外而內思考從需求到應用程式的核心，並將學到如何利用測試替身來隔離和測試程式碼庫中不同元件的互動。

第七章，擴充 *Twootr*

書中最後一個基於專案的章節擴充了前一章中 Twootr 的實作，解釋了依賴倒置原則，並介紹更大架構之下的選項，例如事件驅動和六邊形架構。本章可以幫助你擴充自動化測試的知識，包括測試替身（例如存根和模擬），以及函數式程式設計技術。

第八章，結論

最後一章回顧了本書重要的主題和概念，並為你後續的程式設計生涯提供了額外的資源。

延伸練習

作為一名軟體開發人員，你可能會以反覆而瑣碎的方式來處理專案。也就是說，從一兩個星期工作中最重要的項目抽出一部分，實作它們，然後利用這些回饋來決定下一組工作項目。我們發現，通常可以用同樣的方法來評估自己技能的進步。

在每一章的最後都有一個簡短的「延伸練習」小節，其中有一些建議，告訴你如何在自己準備好時，進一步精進從這一章所學到的東西。

現在，你已經知道你可以從這本書中得到什麼了，就讓我們開始吧！

銀行對帳單分析器

挑戰

金融科技行業現在非常熱門，馬克・埃伯格祖克（Mark Erbergzuck）意識到他花了不少錢購買了很多不同的東西，如果有一個程式能夠自動匯總他的開支將會非常方便。他每個月都會收到銀行的對帳單，但他覺得這些帳單讓人有點不知所措。他希望請你開發一款能自動處理他的銀行對帳單的軟體，好讓他能更瞭解自己的財務狀況。請接受這個挑戰吧！

目標

在本章中，你將學到開發良好軟體的基礎知識，然後在接下來的幾章中學習到更進階的技術。

首先，你將在一個類別中實作問題敘述，然後探索為什麼這種方法在應付不斷變化的需求和專案的維護方面會造成一些難題。

不過別擔心！你會學到軟體設計的原則和技術，以確保你所寫的程式碼符合這些標準。首先你要瞭解什麼是單一職掌原則（*Single Responsibility Principle*，SRP），這個原則有助於開發更易於維護、更容易理解的軟體，並可減少引進新錯誤的範圍。在這個過程中，你將學會像內聚（*cohesion*）和耦合（*coupling*）這類的新概念，這些有用的特性將指引你瞭解所開發的程式碼和軟體的品質。

本章使用 Java 8 及以上版本的函式庫和功能，包括新的日期和時間函式庫。

如果你想查看本章的原始程式碼，可以隨時在本書程式碼儲存庫中的 com.iteratrlearning.shu_book.chapter_02 套件裡找到。

銀行對帳單分析器的需求

你和馬克・埃伯格祖克一起喝了一杯美味又時髦的拿鐵（不加糖）來收集需求。因為馬克非常精通技術，他告訴你銀行對帳單分析器只需要讀取包含銀行交易清單的文字檔即可。他從網路銀行入口網站下載了這個檔，該檔案的結構為逗號分隔值（comma separated values，CSV）格式，以下是一些銀行交易的例子：

```
30-01-2017,-100,Deliveroo
30-01-2017,-50,Tesco
01-02-2017,6000,Salary
02-02-2017,2000,Royalties
02-02-2017,-4000,Rent
03-02-2017,3000,Tesco
05-02-2017,-30,Cinema
```

他希望得到以下問題的答案：

- 銀行對帳單的總損益是多少？是正的還是負的？

- 一個月有多少筆銀行交易？

- 他的十大開銷是什麼？

- 他把大部分的錢花在哪個類型上？

KISS 原則

讓我們從最簡單的問題開始。第一個問題是：「銀行對帳單的總損益是多少？」你需要處理一個 CSV 檔並計算所有金額的總和。由於不需要其他任何東西，你可能會認為沒有必要建立非常複雜的應用程式。

你可以依照「保持簡短和簡單」（Keep It Short and Simple，KISS）原則，將應用程式碼放在單一類別中，如範例 2-1 所示。請注意，你還不必擔心可能出現的例外（例如，如果檔案不存在或解析載入的檔案失敗該怎麼辦？），這是你在第 3 章會學到的主題。

 CSV 通常被稱為以逗號分隔的值，由於尚未完全標準化，有些人會用不同分隔符號（如分號或定位字元）的格式，這樣的需求會增加解析器實作的複雜性。本章將假設值與值之間是以逗號（，）分隔。

範例 2-1　計算所有對帳單的總和

```java
public class BankStatementAnalyzerSimple {
    private static final String RESOURCES = "src/main/resources/";

    public static void main(final String... args) throws IOException {

        final Path path = Paths.get(RESOURCES + args[0]);
        final List<String> lines = Files.readAllLines(path);
        double total = 0;
        for(final String line: lines) {
            final String[] columns = line.split(",");
            final double amount = Double.parseDouble(columns[1]);
            total += amount;
        }

        System.out.println("The total for all transactions is " + total);
    }
}
```

這裡發生了什麼？這個程式把 CSV 檔當作命令列參數傳遞給應用程式來載入該檔案。先用 Path 類別指定檔案系統中的路徑，然後用 Files.readAllLines() 讀出檔案中所有的行，接著透過以下方法逐個解析所讀到的資料：

• 先把欄位以逗號分隔

• 取得金額所在的欄位

• 把金額解析為雙精確度浮點數（double）

一旦將對帳單中的金額設為 double，你就可以把它加到當前的總額中。處理完成之後，你就能求出總金額。

範例 2-1 中的程式碼可以正常執行，但是它忽略了一些極端情況，這些情況在編寫正式生產環境的程式碼時必須要考慮到：

- 如果檔案是空的該怎麼辦？

- 如果由於資料損壞導致解析金額失敗該怎麼辦？

- 如果對帳單中某一行缺少資料該怎麼辦？

我們將在第 3 章再回到處理例外的議題，但是應該養成記住有這些類型問題存在的好習慣。

如何回答第二個問題：「一個月有多少筆銀行交易？」你該怎麼做？複製貼上是一種簡單的技術，對吧？你只需複製並貼上相同的程式碼再把邏輯替換掉，這樣就能選擇給定的月份，如範例 2-2 所示。

範例 2-2　計算一月報表的總和

```
final Path path= Paths.get(RESOURCES + args[0]);
final List<String> lines= Files.readAllLines(path);
double total= 0d;
final DateTimeFomatter DATE_PATTERN = DateTimeFomatter.ofPattern("dd-MM-yyyy");
for(final String line： lines) {
    final String[] columns = line.split(",");
    final LocalDate date = LocalDate.parse(columns[0], DATE_PATTERN);
    if(date.getMonth() == Month.JANUARY) {
        final double amount = Double.parseDouble(columns[l]);
        total+= amount;
    }
}

System.out.println("The total for all transactions in January is "+ total);
```

final 變數

我們先短暫離題，解釋一下範例程式碼中的 final 關鍵字。在這本書中，我們在很多地方都用到 final 關鍵字。將區域變數或欄位標記為 final 意味著它不能被重新指派新的值。專案中是否要使用 final 取決於你的團隊和專案的共同決定，因為使用它既有優點也有缺點。我們發現，盡量多將變數標記為 final 可以清楚地區分在物件的生命週期中哪些狀態發生了變化，而哪些狀態沒有被重新賦值。

另一方面，使用 final 關鍵字並不能保證物件的不變性；你可以有一個參照到可變狀態物件的 final 欄位，第 4 章將會更詳細地討論不變性。此外，使用它也為程式碼庫增加了很多模板。有些團隊選擇將 final 放在方法參數上的折衷位置，以確保它們不會被重新賦值，而且也不是區域變數。

儘管 Java 語言允許 final 關鍵字，但是用在抽象方法的方法參數上（例如在介面中）則沒有多大意義，這是因為介面並沒有實作物件的主體，在這種情況下 final 關鍵字就沒有什麼意義了。按理說，自從在 Java 10 中引進了 var 關鍵字以來，就已經很少使用 final 了，稍後我們將在範例 5-15 中討論這個概念。

程式碼可維護性和反樣式

你認為範例 2-2 所示範的複製貼上方法是一個好主意嗎？是時候退後一步、反思一下正在發生的事情了。當你編寫程式碼時，應該努力提供良好的程式碼可維護性。這是什麼意思？這點最好是用你所寫程式碼的特性願望清單來說明：

- 應該很容易找到負責特定功能的程式碼。

- 應該很容易理解程式碼的作用。

- 應該很容易增加或刪除新的功能。

- 應該提供良好的封裝（encapsulation）。換句話說，對程式碼的使用者而言，實作的細節應該被隱藏起來，以便於理解和修改。

想要知道你所寫程式碼的影響的一個好方法是，思考一下如果你的同事必須在 6 個月之後檢視你的程式碼，而你已經跳槽到另一家公司，會發生什麼情況。

你的最終目標是要管理你所建構應用程式的複雜性。但是，如果在出現新的需求時，你繼續複製貼上相同的程式碼，將會遇到以下問題，由於這些問題是常見的無效解決方案，因此被稱為反樣式（anti-patterns）：

- 由於你有一個巨大的「神級類別」（God Class），以致於程式碼很難理解

- 由於程式碼重複（code duplication）而變得脆弱且容易被更改或破壞

讓我們更詳細地說明一下這兩個反樣式。

神級類別

如果把所有程式碼放在一個檔案裡面，你將會得到一個巨大的類別，這使得想要理解它的用途變得困難重重，因為這個類別負責了所有的事情！如果你需要更新現有程式碼的邏輯（例如，更改解析的方式），該如何輕鬆地找到該程式碼並進行更改？這個問題被稱為「神級類別」的反樣式：基本上你是用一個類別來處理所有的事情，而你應該要避免這種情況。在下一節中，你將瞭解什麼是「單一職掌原則」（*Single Responsibility Principle*），這是一個軟體開發指南，有助於編寫更易於理解和維護的程式碼。

程式碼重覆

你複製了每一個用來讀取和解析輸入的邏輯，但是如果所需的輸入不再是 CSV 而是 JSON 檔，該怎麼解決？如果需要支援多種格式又該怎麼辦？由於你把一個特定的解決方案寫死在程式碼裡面，並且在多個地方複製了這種行為，因此在為增加功能而修改程式時將會非常痛苦。如此一來，所有的位置都不得不做更改，這樣可能會導致新的錯誤。

你會經常聽到「不要重複自己說過的話」（Don't Repeat Yourself，DRY）原則。這個想法是，如果你能成功地減少重複，要修改邏輯的時候就不再需要對程式碼進行多次的修改。

一個相關的問題是，如果資料格式改變了怎麼辦？假如程式碼只支援特定資料格式的樣式，而想要增強它（例如，增加新的欄位）或需要支援不同的資料格式（例如，不同的屬性名稱）的話，程式碼就必須一再的進行許多變動。

結論是，盡可能保持簡單，但是不要濫用 KISS 原則，而是要考慮到整個應用程式的設計，並理解如何將問題分解成更容易單獨管理的獨立子問題。這樣會讓你擁有更易於理解、維護和適應新需求的程式碼。

單一職掌原則

單一職掌原則（*Single Responsibility Principle*，SRP）是一個通用的軟體開發指南，有助於編寫更易於管理和維護的程式碼。

你可以用兩種互補的方式來思考 SRP：

- 一個類別只負責一個單獨的功能

- 改變一個類別只有一個理由 [1]

SRP 通常應用於類別和方法，而且只跟一個特定的行為、概念或類型有關。由於只有一個特定的原因說明為什麼應該更改而非多方面的考量，這會讓程式碼更加穩健。正如你前面所看到的，多方面考量之所以有問題，是因為它可能會在幾個地方引進新的錯誤，不但會使得程式碼的可維護性變得複雜，還會讓程式碼更加難以理解和修改。

那麼如何在範例 2-2 的程式碼中應用 SRP 呢？顯然，main 類別可以分解成多個單獨的職掌：

1. 讀取輸入

2. 以給定格式解析輸入

3. 處理結果

4. 報告結果的摘要

本章的重點在於解析的部分，在下一章將討論如何擴充銀行對帳單分析器，使其完全模組化。

第一個步驟自然是要將 CSV 解析邏輯提取到一個單獨的類別中，這樣你就可以在處理不同的查詢時重複使用它。讓我們稱它為 BankStatementCSVParser，這樣就可以立即清楚地知道它是做什麼的（參見範例 2-3）。

範例 2-3　將解析邏輯提取到單獨的類別中

```
public class BankStatementCSVParser {

    private static final DateTimeFormatter DATE_PATTERN
        = DateTimeFormatter.ofPattern("dd-MM-yyyy");

    private BankTransaction parseFromCSV(final String line) {
        final String[] columns = line.split(",");

        final LocalDate date = LocalDate.parse(columns[0], DATE_PATTERN);
        final double amount = Double.parseDouble(columns[1]);
        final String description = columns[2];

        return new BankTransaction(date, amount, description);
    }
```

---

[1]　這個定義是由勞勃‧馬丁（Robert Martin）所提出。

```
        public List<BankTransaction> parseLinesFromCSV(final List<String> lines) {
            final List<BankTransaction> bankTransactions = new ArrayList<>();
            for(final String line: lines) {
                bankTransactions.add(parseFromCSV(line));
            }
            return bankTransactions;
        }
    }
```

BankStatementCSVParser 類別宣告了 parseFromCSV() 和 parseLinesFromCSV() 兩個方法，用來產生 BankTransaction 物件，當作銀行對帳單建模的領域物件（參見範例 2-4 中的宣告）。

 所謂領域（*domain*）是指使用與業務問題相符合的詞彙和術語（也就是正在處理的領域）。

BankTransaction 類別非常有用，因為它讓應用程式中不同的部分對於什麼是銀行對帳單有共同的理解，並且提供了 equals 和 hashCode 方法的實作。第 6 章將討論這些方法的目的以及如何正確實作它們。

範例 2-4　銀行交易的領域類別
```
    public class BankTransaction {
        private final LocalDate date;
        private final double amount;
        private final String description;

        public BankTransaction(final LocalDate date, final double amount, final String
    description) {
            this.date = date;
            this.amount = amount;
            this.description = description;
        }

        public LocalDate getDate() {
            return date;
        }

        public double getAmount() {
            return amount;
        }
    }
```

```java
    public String getDescription() {
        return description;
    }

    @Override
    public String toString() {
        return "BankTransaction{" +
                "date=" + date +
                ", amount=" + amount +
                ", description='" + description + '\'' +
                '}';
    }

    @Override
    public boolean equals(Object o) {
        if (this == o) return true;
        if (o == null || getClass() != o.getClass()) return false;
        BankTransaction that = (BankTransaction) o;
        return Double.compare(that.amount, amount) == 0 &&
                date.equals(that.date) &&
                description.equals(that.description);
    }

    @Override
    public int hashCode() {
        return Objects.hash(date, amount, description);
    }
}
```

現在你可以重構應用程式，以便讓它使用 BankStatementCSVParser，特別是 parseLinesFromCSV() 方法，如範例 2-5 所示。

範例 2-5　使用銀行對帳單 CSV 解析程式

```java
final BankStateMentCSVParser bankStatementParser = new BankTransactionCSVParser();

final String fileNaMe = args[0];
final Path path= Paths.get(RESOURCES + fileNaMe);
final List<String> lines= Files.readAllLines(path);

final List<BankTransaction> bankTransactions
    = bankStatementParser.parseLinesFroMCSV(lines);

SysteM.out.println("The total for all transactions is "+ calculateTotalAmount(bank
Transactions));
SysteM.out.println("Transactions in January"+ selectinMonth(BankTransactions, Month.
JANUARY));
```

你不再需要瞭解所要實作的不同查詢的內部解析細節,因為現在可以直接使用 BankTransaction 物件來擷取所需資訊。範例 2-6 中的程式碼展示了如何宣告 calculateTotalAmount() 和 selectInMonth() 方法,這些方法負責處理交易清單並傳回適當的結果。在第 3 章中,你將對 lambda 表達式和串流 API 有一個概括的了解,這將有助於進一步整理程式碼。

範例 2-6　處理銀行交易清單

```
public static double calculateTotalAmount(final List<BankTransaction>
bankTransactions) {
    double total=0d;
    for(final BankTransaction bankTransaction: bankTransactions){
        total += bankTransaction.getAMount();
    }
    return total;
}

public static List<BankTransaction> selectInMonth(final List<BankTransaction>
bankTransactions, final Month month) {

    final List<BankTransaction> bankTransactionsInMonth = new Arraylist<>();
    for(final BankTransaction bankTransaction: bankTransactions) {
        if(bankTransaction.getDate().getMonth() == ~month) {
            bankTransactionsInMonth.add(bankTransaction);
        }
    }
    return bankTransactionsInMonth;
}
```

像這樣重構的主要好處是,你的主應用程式不用再負責解析邏輯的實作。現在,它將這一職責委託給可以獨自完成維護和更新的另一個單獨的類別和方法。隨著不同查詢的新需求出現,你可以重用 BankStatementCSVParser 類別所封裝的功能。

此外,如果你需要改變解析演算法的工作方式(例如,更高效率的實作快取結果),只需更改一個地方,而且你還引進了一個名為 BankTransaction 的類別,程式碼的其他部分可以依賴於此,而不必依賴於特定資料格式的樣式。

在實作方法時遵循最少意外原則(*principle of least surprise*)是一個好習慣,這將有助於確保在檢視程式碼時,能夠很清楚的知道這些程式碼在做什麼,這意味著:

- 使用能夠自我描述的方法名稱,以便立即清楚地看出程式在做些什麼(例如, calculateTotalAmount())

- 不要改變參數的狀態，因為程式碼的其他部分可能會依賴於它

然而，最少意外原則可能是一個主觀的概念。當有疑問的時候，請與你的同事和團隊成員談談，以確保每個人的認知都是一致的。

內聚

到目前為止，你已經學到了三個原則：*KISS*、*DRY* 和 *SRP*，但還沒有學到有關程式碼品質的特徵，因此還無法判別程式碼的好壞。在軟體工程中，你經常會聽說**內聚性**（*cohesion*）是編寫不同部分程式碼的一個重要特徵。這聽起來很不可思議，但它確實是一個非常有用的概念，可以用來指出程式碼是否具有可維護性。

內聚性是指事物之間**到底有多相關**。更精確地說，內聚性所衡量的是類別或方法中相關職掌的緊密程度。換句話說，有多少東西是屬於同一類的？這是一種幫你推斷軟體複雜度的方法。你所要實現的是**高內聚性**，這意味著程式碼更容易被其他人所查找、理解和使用。在前面重構的程式碼中，`BankTransactionCSVParser` 類別具有高內聚性。實際上，它將兩個與解析 CSV 資料相關的方法組合在一起。

通常，內聚的概念應用於類別（類別等級內聚），但它也可以應用於方法（方法等級內聚）。

如果將程式的入口點定義為 `BankStatementAnalyzer` 類別，你會注意到它負責連接應用程式的不同部分，例如解析器和計算，並在螢幕上報告。但是，負責進行計算的邏輯目前在 `BankStatementAnalyzer` 中宣告為靜態方法。這是低內聚性的一個例子，因為該類別中所宣告的計算問題與解析或報告並沒有直接關係。

取而代之的是，你可以將計算的部分提取到另外一個單獨的 `BankStatementProcessor` 類別中。你還可以看到，所有這些運算都共用了交易方法引數的列表，因此可以將其納入類別的欄位。結果是，你的方法特徵變得更容易推理，`BankStatementProcessor` 類別也具有更強的內聚性，最後結果如範例 2-7 中的程式碼所示。另一個好處是，`BankStatementProcessor` 中的方法可以被應用程式的其他部分重複使用，而不需要依賴整個 `BankStatementAnalyzer`。

範例 2-7　將 *BankStatementProcessor* 類別中的計算部分進行分組

```
public class BankStatementProcessor {

    private final List<BankTransaction> bankTransactions;
```

```java
    public BankStatementProcessor(final List<BankTransaction> bankTransactions) {
        this.bankTransactions = bankTransactions;
    }

    public double calculateTotalAmount() {
        double total = 0;
        for(final BankTransaction bankTransaction: bankTransactions) {
            total += bankTransaction.getAmount();
        }
        return total;
    }

    public double calculateTotalInMonth(final Month month) {
        double total = 0;
        for(final BankTransaction bankTransaction: bankTransactions) {
            if(bankTransaction.getDate().getMonth() == month) {
                total += bankTransaction.getAmount();
            }
        }
        return total;
    }

    public double calculateTotalForCategory(final String category) {
        double total = 0;
        for(final BankTransaction bankTransaction: bankTransactions) {
            if(bankTransaction.getDescription().equals(category)) {
                total += bankTransaction.getAmount();
            }
        }
        return total;
    }
}
```

你現在可以透過 BankStatementAnalyzer 使用該類別的方法，如範例 2-8 所示。

範例 2-8　使用 *BankStatementProcessor* 類別處理銀行交易清單

```java
public class BankStatementAnalyzer {
    private static final String RESOURCES = "src/main/resources/";
    private static final BankStatementCSVParser bankStatementParser = new
BankStatementCSVParser();

    public static void main(final String... args) throws IOException {

        final String fileName = args[0];
        final Path path = Paths.get(RESOURCES + fileName);
        final List<String> lines = Files.readAllLines(path);
```

```
        final List<BankTransaction> bankTransactions = bankStatementParser.
parseLinesFrom(lines);
        final BankStatementProcessor bankStatementProcessor = new BankStatementProcessor
(bankTransactions);

        collectSummary(bankStatementProcessor);
    }

    private static void collectSummary(final BankStatementProcessor
bankStatementProcessor) {
        System.out.println("The total for all transactions is "
                + bankStatementProcessor.calculateTotalAmount());

        System.out.println("The total for transactions in January is "
                + bankStatementProcessor.calculateTotalInMonth(Month.JANUARY));

        System.out.println("The total for transactions in February is "
                + bankStatementProcessor.calculateTotalInMonth(Month.FEBRUARY));

        System.out.println("The total salary received is "
                + bankStatementProcessor.calculateTotalForCategory("Salary"));
    }
}
```

在下一節中，你將聚焦於學習如何利用指導方針，來幫助你編寫更易於推理和維護的程式碼。

類別等級內聚

實務上，你將遇到至少六種常見的方式來把方法分組：

- 功能面

- 資訊面

- 公用程式

- 邏輯

- 順序

- 時間

請記住，如果你把相關性較弱的方法分成一組，就會降低程式的內聚性。表 2-1 列出了摘要，我們將依序進行討論。

功能面

編寫 BankStatementCSVParser 時是採用按照功能將方法進行分組。parseFrom() 和 parseLinesFrom() 方法要解決的是一個已經定義好的任務：以 CSV 格式來解析行。事實上，parseLinesFrom() 方法用到了 parseFrom() 方法，這通常是達到高內聚的好方法，因為這些方法是共同合作的，所以將它們分成一組是有意義的，這會讓它們更容易查找和理解。功能內聚的危險在於，它可能會造成大量只有單一方法的簡單類別，像這樣過於簡化的分組會產生更多的類別需要納入考量，因而增加了不必要的冗長性和複雜性。

資訊面

把方法分成一組的另一個原因是，它們處理的是相同的資料或領域物件。假設你需要一種方法來建立、讀取、更新和刪除 BankTransaction 物件（CRUD 操作）；你可能會希望有一個專門針對這些操作的類別。範例 2-9 中的程式碼顯示了一個具有四種不同方法的資訊內聚性的類別，每個方法都拋出一個 UnsupportedOperationException 來指出本例中尚未實作該主體。

範例 2-9　資訊內聚的例子

```
public class BankTransactionDAO {

    public BankTransaction create(final LocalDate date, final double amount, final
String description) {
        // ...
        throw new UnsupportedOperationException();
    }

    public BankTransaction read(final long id) {
        // ...
        throw new UnsupportedOperationException();
    }

    public BankTransaction update(final long id) {
        // ...
        throw new UnsupportedOperationException();
    }

    public void delete(final BankTransaction BankTransaction) {
        // ...
        throw new UnsupportedOperationException();
    }
}
```

在與維護特定領域物件表格的資料庫進行互動時經常會看到這種典型樣式，這種樣式通常稱為資料存取物件（*Data Access Object*，DAO），並需要某種 ID 來識別物件。DAO 本質上將資料來源（如持久性資料庫或記憶體中資料庫）的存取加以抽象化並予以封裝。

這種內聚方式的缺點是，可能只是為了需要使用一小部分的功能而將多個涉及不同事項的物件分成一組，從而造成了額外的依賴性。

公用程式

你可能會想要在一個類別中將不同或不相關的方法進行分組，當這些方法所屬的類型不明顯時，就會出現這種情況，而你最終得到的公用程式類別就會有點像是萬用工具。

我們要儘量避免這種低內聚的情況，因為這些方法並不相關，以致於整個類別讓人很難理解。此外，公用程式類別具有較差的可發現性，而你希望你的程式碼很容易被查找，也很容易讓人瞭解應該如何使用它。公用程式類別違背了此一原則，因為它們包含了不同的方法，而這些方法在沒有明確分類的情況下，彼此並沒什麼相關性。

邏輯

假設你需要提供從 CSV、JSON 和 XML 解析的實作，你可能會想要把負責解析不同格式的方法放在同一個類別中，如範例 2-10 所示。

範例 *2-10* 邏輯內聚的例子

```java
public class BankTransactionParser {

    public BankTransaction parseFromCSV(final String line) {
        // ...
        throw new UnsupportedOperationException();
    }

    public BankTransaction parseFromJSON(final String line) {
        // ...
        throw new UnsupportedOperationException();
    }

    public BankTransaction parseFromXML(final String line) {
        // ...
        throw new UnsupportedOperationException();
    }
}
```

事實上，這些方法在邏輯上被歸類為「解析」，然而它們本質上是不同的，並且每個方法都是不相關的。而且由於該類別負責多種不同的事項，把它們分成一組也會破壞你之前所學到的 SRP，因此不建議使用這種方法。

你在第 21 頁的「耦合」中將會得知，有一些技術可以解決提供不同的解析實作的同時又能保持高內聚的問題。

順序

假設你需要對一個檔案進行讀取、解析、處理並保存資訊，你可以將所有方法歸類到同一個類別中，畢竟檔案所讀出的內容會成為解析的輸入，而解析後的輸出又會成為處理步驟的輸入，依此類推。

這種情況稱為順序內聚，因為你正試著把方法分組，以便它們遵循從輸入到輸出的順序，這讓我們很容易瞭解操作是如何共同合作的。遺憾的是，這意味著實務上由這些方法所組成的類別需要更改的原因有很多種，因此會破壞 SRP。此外，可能有許多不同的處理、匯總和儲存的方法，因此這種技術很快就會導致複雜的類別。

比較好的辦法是，按照職責來劃分成單獨的內聚類別。

時間

時間內聚類別是執行只在時間上相關的多個操作的類別。一個典型的例子是，宣告在其他處理操作之前或之後被呼叫的某種初始化和清理操作（例如，連接和關閉資料庫連線）的類別。初始化和其他操作是不相關的，但是它們必須按照特定的時間順序被呼叫。

表 2-1　不同內聚等級優缺點的摘要

內聚等級	優點	缺點
功能面（高內聚性）	易於理解	可能導致過於簡化的類別
資訊面（中內聚性）	易於維護	可能導致非必要的依賴
順序（中內聚性）	容易找到相關操作	鼓勵違反 SRP
邏輯（中內聚性）	提供某種形式的高階分類	鼓勵違反 SRP
公用程式（低內聚性）	容易分組	很難推斷類別的職掌
時間（低內聚性）	無	很難瞭解和使用個別操作

方法等級內聚

同樣的內聚原則也適用於方法。一個方法執行的功能越多，就越難瞭解這個方法實際上做了些什麼。換句話說，如果你的方法處理多個不相關的關注點，那麼它的內聚性就降低，而低內聚性的方法也更難測試，因為它們在一個方法中負責多個職責，這使得單獨測試職責變得很困難！通常，如果你發現自己的方法包含一系列 if/else 區塊，這些區塊對類別中許多不同欄位或方法參數進行修改，那麼這是一個徵兆，表示你應該將方法分解為幾個更具內聚性的部分。

耦合

你所編寫程式碼的另一個重要特徵是耦合（*coupling*）。內聚性是關於類別、套件或方法中的相關程度，而耦合則是關於你對其他類別的依賴程度。思考耦合的另一種方式是你對某些類別所依賴的知識（即，特定的實作）有多少。這一點很重要，因為你依賴的類別越多，在更改時就越不靈活。實際上，受到更改而影響的類別可能會影響到所有依賴於它的類別。

要瞭解耦合是什麼，請想像一個時鐘。因為你不需要知道時鐘如何工作就能讀取時間，所以不必依賴於時鐘內部。這意味著你可以在不影響如何讀取時間的情況下更改時鐘內部。這兩個關注點（介面和實作）是相互分離的。

耦合與事物的依賴程度有關。例如，到目前為止，BankStatementAnalyzer 類別依賴於 BankStatementCSVParser 類別。如果需要更改解析器，使其支援以 JSON 格式編碼的敘述，該怎麼辦？那麼 XML 格式呢？這將是一個惱人的重構！但是不要擔心，你可以透過使用介面來解耦不同的元件，介面是為更改需求提供靈活性的首選工具。

首先，你需要引進一個介面，該介面將告訴你如何在不把特定實作寫死在程式中的情況下使用銀行報表解析器，如範例 2-11 所示。

範例 2-11　引進解析銀行對帳單的介面

```
public interface BankStatementParser {
    BankTransaction parseFrom(String line);
    List<BankTransaction> parseLinesFrom(List<String> lines);
}
```

你的 BankStatementCSVParser 現在將成為該介面的一個實作：

```java
public class BankStatementCSVParser implements BankStatementParser {
    // ...
}
```

到目前為止還不錯，但是如何將 BankStatementAnalyzer 與 BankStatementCSVParser 的特定實作解耦呢？你需要使用介面！透過引進一個叫做 analyze() 的新方法，該方法將 BankTransactionParser 當作參數，你將不再與特定的實作耦合（參見範例 2-12）。

範例 *2-12*　將銀行對帳單分析器與解析器解耦

```java
public class BankStatementAnalyzer {
    private static final String RESOURCES = "src/main/resources/";

    public void analyze(final String fileName, final BankStatementParser
bankStatementParser)
    throws IOException {

        final Path path = Paths.get(RESOURCES + fileName);
        final List<String> lines = Files.readAllLines(path);

        final List<BankTransaction> bankTransactions = bankStatementParser.
parseLinesFrom(lines);

        final BankStatementProcessor bankStatementProcessor = new BankStatementProcessor
(bankTransactions);

        collectSummary(bankStatementProcessor);
    }

    // ...
}
```

如此一來，BankStatementAnalyzer 類別不再需要瞭解不同的特定實作，這有助於應對不斷變化的需求，圖 2-1 說明了解耦兩個類別時依賴關係的區別。

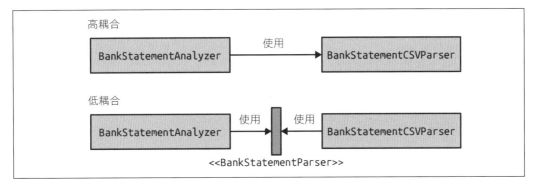

圖 2-1 解耦兩個類別

現在，你可以將所有不同的部分放在一起並建立主程式，如範例 2-13 所示。

範例 2-13 要執行的主程式

```java
public class MainApplication {

    public static void main(final String... args) throws IOException {

        final BankStatementAnalyzer bankStatementAnalyzer
                = new BankStatementAnalyzer();

        final BankStatementParser bankStatementParser
                = new BankStatementCSVParser();

        bankStatementAnalyzer.analyze(args[0], bankStatementParser);

    }
}
```

通常，在編寫程式碼時，你是以降低耦合為目標。這意味著，程式碼中不同的元件不必依賴於內部／實作細節。與低耦合相對的是高耦合，這是你絕對要避免的！

測試

你已經編寫了一些軟體，如果你執行了幾次應用程式，看起來一切也都很正常。但是，你對於你的程式碼永遠都能正確執行有多大的信心？你能向你的客戶保證你已經達到要求了嗎？在本節中，你將學到有關測試的知識，以及如何使用最受歡迎和被廣泛採用的 Java 測試框架 JUnit 來編寫你的第一個自動化測試。

自動化測試

自動化測試聽起來像是另一件可能會需要花很多時間編寫額外程式的事情！那麼你為什麼要在乎它？

可惜的是，在軟體開發中，事情從來不會第一次就成功。測試的好處是顯而易見的，你能想像在沒有測試的情況下整合一個新的飛機自動駕駛軟體嗎？

不過，測試不一定需要手動操作。在自動化測試中，你有一組不需要人工干預就能自動執行的測試。這意味著，當你修改了程式碼時，你可以快速地執行測試，並且希望增強對軟體行為正確性的信心，而不是突然變得不可預料。一個專業的開發人員通常每天平均會執行成千上百個自動化測試。

在本節中，我們會先簡要回顧一下自動化測試的好處，以便你清楚地瞭解為什麼測試是優秀軟體開發的核心部分。

信心

首先，在軟體上執行測試以驗證行為是否符合規範，會讓你確信你已經滿足了客戶的需求。你可以向你的客戶提供測試規範和結果作為保證。在某種意義上，測試應是客戶所提規格的一部分。

更改的穩固性

其次，如果你對程式碼進行更改，你如何知道你沒有意外地破壞了什麼？如果程式碼很小，你可能會認為沒什麼問題。但是，如果你正在處理一個具有數百萬行程式碼的程式碼庫呢？你對修改同事的程式碼又有多大的信心？擁有一套自動化測試，對於檢查是否引進了新的 bug 會非常有用。

程式可理解性

第三，自動化測試可以幫助你理解原始程式碼專案中不同元件如何運作。事實上，測試釐清了不同元件之間的依賴關係以及它們之間如何相互作用，這對於快速獲得軟體的概觀非常有用。假設你被分配到一個新的專案，一開始該從哪裡獲得不同元件的概觀呢？測試會是一個很好的起點。

使用 JUnit

希望你現在已經深信編寫自動化測試的價值了。在本節中，你將學到如何使用流行的 Java 框架 *JUnit* 來建立你的第一個自動化測試。天下沒有白吃的午餐，你將看到編寫測試需要時間。此外，由於測試碼也是程式碼，你還必須考慮測試碼的長期維護。然而，上一節所列出的好處遠遠大於必須編寫測試的缺點。具體地說，你將編寫單元測試來驗證一個小的獨立單元（例如方法或小的類別）執行時的正確性。在本書中，你會學到寫好測試的準則，首先讓我們先為 BanktransactionCSVParser 編寫一個簡單的測試。

定義測試方法

第一個問題是：要在哪裡編寫測試？ Maven 和 Gradle 建構工具標準的慣例是將程式碼放在 *src/main/java* 中，並將測試類別放在 *src/test/java* 中，你還需要在專案的 JUnit 函式庫中添加一個依賴項。在第 3 章中，你會學到更多如何用 Maven 和 Gradle 來建構專案的知識。

範例 2-14 示範了一個對 BankTransactionCSVParser 的簡單測試。

 我們的 BankStatementCSVParserTest 測試類別加上了 Test 字尾，這並非嚴格的強制規定，但是經常用來當作助憶名稱。

範例 2-14　CSV 解析器的失敗單元測試

```
import org.junit.Assert;
import org.junit.Test;
public class BankStatementCSVParserTest {

    private final BankStatementParser statementParser = new
BankStatementCSVParser();

    @Test
    public void shouldParseOneCorrectLine() throws Exception {
        Assert.fail("Not yet implemented");
    }
}
```

這裡有很多新的組成份子，讓我們來分解一下：

- 單元測試類別是一個叫做 BankStatementCSVParserTest 的普通類別，在測試類別名稱後面加上 Test 字尾是一種常用的慣例。

- 這個類別宣告了一個方法：shouldParseOneCorrectLine()，建議總是用一個能夠自我說明的名稱，這樣不用查看測試方法的實作就可以立刻瞭解單元測試的功能。

- 這個方法是用 JUnit 註釋 @Test 來標註，這意味著該方法為單元測試所應執行的程式碼，你可以用測試類別來宣告私有助手方法，但是測試運行器不會執行它們。

- 這個方法的實作會呼叫 Assert.fail（「尚未實作」），這將導致單元測試失敗，並顯示診斷訊息「尚未實作」。你很快就會學到如何利用 JUnit 所提供的一組斷言操作來實作真正的單元測試。

你可以直接從你喜歡的建構工具（例如，Maven 或 Gradle）或者用 IDE 執行測試。例如，在 IntelliJ IDE 中執行測試之後，會得到圖 2-2 的輸出。你可以看到測試因診斷「尚未實作」而失敗。現在讓我們來看看如何實作一個真正有用的測試，以增強 BankStatementCSVParser 能夠正常運作的信心。

圖 2-2 IntelliJ IDE 中執行單元測試失敗的螢幕截圖

斷言敘述

你剛剛所學到的 Assert.fail() 是由 JUnit 所提供的靜態方法，稱為**斷言敘述**（*assert statement*）。JUnit 提供了許多斷言敘述來測試特定條件，可讓你提供一個預期的結果，並將其與某個操作的結果進行比較。

其中一個靜態方法叫做 Assert.assertEquals()，你可以用範例 2-15 的方法來測試 parseFrom() 的實作對於特定輸入是否可以正確運行。

範例 2-15　使用斷言敘述

```java
@Test
public void shouldParseOneCorrectLine() throws Exception {
    final String line = "30-01-2017,-50,Tesco";

    final BankTransaction result = statementParser.parseFrom(line);

    final BankTransaction expected
        = new BankTransaction(LocalDate.of(2017, Month.JANUARY, 30), -50, "Tesco");
    final double tolerance = 0.0d;

    Assert.assertEquals(expected.getDate(), result.getDate());
    Assert.assertEquals(expected.getAmount(), result.getAmount(), tolerance);
    Assert.assertEquals(expected.getDescription(), result.getDescription());
}
```

那麼這裡發生了什麼呢？可分為三個部分來說明：

1. 你設定了測試的上下文，在本例中是所要解析的一行。

2. 你執行了一個動作，在本例中是解析輸入的行。

3. 指定預期輸出的斷言，在這裡是檢查日期、金額，以及描述是否被正確解析。

像這樣用於設定單元測試的三階段樣式通常被稱為「指定 - 執行 - 斷言」(Given-When-Then) 公式。遵循這個樣式並將不同的部分隔開是一個好主意，因為這有助於清楚地理解測試實際上在做什麼。

當你再次執行該測試時，如果運氣好的話，你會看到一條漂亮的綠色，表示測試成功，如圖 2-3 所示。

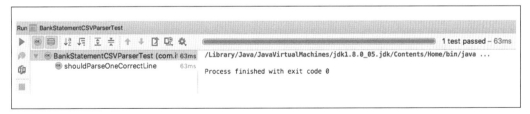

圖 2-3　執行一個成功的單元測試

其他可用的斷言敘述如表 2-2 所示。

表 2-2　斷言敘述

斷言敘述	目的
Assert.fail(message)	讓方法失敗，這可當作在實作測試碼之前的佔位符號。
Assert.assertEquals(expected, actual)	測試兩個值是否相同。
Assert.assertEquals(expected, actual, delta)	斷言兩個（雙精確）浮點數之間的差在一個增量之內。
Assert.assertNotNull(object)	斷言一個物件不為空值。

程式碼覆蓋率

你已經寫了你的第一個測試，但是該怎麼知道這是否足夠呢？*程式碼覆蓋率（Code coverage）* 指的是一組測試能夠涵蓋多少行原始程式碼的百分比。以高覆蓋率為目標通常是一個好主意，因為這樣可以減少意外錯誤的機會。雖然沒有一個具體的百分比被認為是足夠的，但我們建議目標為 70%-90%。實際上，要達到 100% 的程式碼覆蓋率是很困難的，也不太實際，因為你可能會開始測試像 getter 和 setter 這種提供較少價值的方法。

不過，程式碼覆蓋率不一定是衡量軟體測試效果的好指標。事實上，程式碼覆蓋率只告訴你肯定還沒有測試的內容，而跟測試的品質沒有任何關係。你可以用一個簡單的測試案例來覆蓋部分程式碼，但卻不是極端案例（edge cases），而那才是容易發生問題的所在。

Java 中流行的程式碼覆蓋工具包括有 *JaCoCo*、*Emma*、*Cobertura* 等。在實務上，你會看到人們在談論行覆蓋率，它告訴你程式碼中有多少條敘述被涵蓋。這種技術給人一種該測試具有良好覆蓋率的錯覺，因為條件敘述（if、while、for）將被視為一條敘述。但是，條件敘述有多種可能的路徑。因此，你應該注重的是 *分支覆蓋率（branch coverage）*，它會檢查每個條件成立和不成立的分支。

重點整理

- 神級類別和程式碼重複導致程式碼難以推理和維護。

- 單一職掌原則幫助你編寫更易於管理和維護的程式碼。

- 內聚所注重的是類別或方法的職責之間的關聯有多緊密。

- 耦合所注重的是一個類別對其他程式碼的依賴程度。

- 高內聚性和低耦合性是可維護程式碼的特徵。

- 一套自動化測試可增強你對軟體正確性的信心，使其對所做的修改更為穩固，並有助於程式的理解。

- JUnit 是一個 Java 測試框架，可讓你指定驗證方法和類別行為的單元測試。

- Given-When-Then 是將測試設定為三個部分的樣式，以幫助你瞭解所要實作的測試。

延伸練習

如果你想加強和鞏固本節所學到的知識，可以嘗試以下活動：

- 編寫更多的單元測試案例來測試 CSV 解析器的實作。

- 支援不同的匯總操作，例如查找特定日期範圍內的最大或最小交易。

- 根據月份和說明對支出進行分組，來傳回支出的直方圖。

完成挑戰

馬克・埃伯格祖克對於你的銀行對帳單分析器第一輪的表現非常滿意。他把你的想法重新命名為「**正式銀行對帳單分析器（THE Bank Statement Analyzer）**」。他對你的應用程式非常滿意，因此要求你做一些改進。原來他想擴充閱讀、解析、處理和總結的功能（例如，增加對 JSON 格式的處理能力）。此外，他發現你的測試有一些局限性，並發現了幾個 bug。

這將是你在下一章所要解決的問題，其中你會學到例外處理、「開放 / 關閉原則」（Open/Closed Principle）以及如何使用建構工具來建立 Java 專案。

第三章

擴充銀行對帳單分析器

挑戰

你在上一章建構了一個基本可行的銀行對帳單分析器,馬克對你所做的工作非常滿意。由於這一成功的先例,馬克認為你的產品可以更進一步,因此要求你建構一個支援多種功能的新版本。

目標

在上一章中,你學到了如何建立一個應用程式來分析 CSV 格式的銀行對帳單。過程中,你瞭解了幫助你編寫可維護程式碼的核心設計原則、單一職掌原則,以及應該避免的反樣式(例如神級類別和程式碼重覆)。在逐步重構程式碼的同時,你也學會了耦合(對其他類別的依賴程度)和內聚(類別中的相關程度)。

即使如此,這個應用程式目前的功能仍然很少。如何提供搜尋不同類型的交易、支援多種格式、處理器以及將結果匯出到不同格式(例如純文字和 HTML)的精美報告中?

在本章中，你將進一步深入瞭解你的軟體開發任務。首先，你將瞭解 Open/Closed 原則，這對於增加程式碼庫的靈活度和改進程式碼的維護來說非常重要。你也將會學到什麼時候要採用介面才是有意義的，以及避免高耦合等陷阱的通則。另外還會瞭解到 Java 中例外的使用：什麼時候將例外當作你所定義 API 的一部分才有意義，而什麼時候會沒有意義。最後，你將瞭解如何使用 Maven 和 Gradle 等大家所熟知的建構工具來系統化地建構 Java 專案。

 如果在任何時候你想查看本章的原始程式碼，可以在本書程式碼庫的 com.iteratrlearning.shu_book.chapter_03 套件中找到。

擴充銀行對帳單分析器需求

你和馬克進行了第二輪友好的會談來溝通，並收集銀行報表分析器的新需求。他想要擴充你所能執行的操作類型的功能。目前應用程式的功能不多，只能查詢特定月份或種類的收入，馬克提出了兩項新功能的需求：

1. 他希望也能夠搜尋特定的交易。例如，你應該能傳回指定範圍的日期或特定類型的所有銀行交易。

2. 他還希望能夠產生一份匯總統計資料的報告，以便將他的搜尋結果轉換成純文字和 HTML 等不同的格式。

你將逐步完成這些需求。

開放 / 封閉原則

讓我們從簡單的開始：你將實作一個方法來找出超過一定金額的所有交易。第一個問題是應該要在哪裡宣告這個方法？你可以單獨建立一個 BankTransactionFinder 類別，裡面只實作了一個 findTransactions() 方法。不過，你在前一章中還宣告了一個 BankTransactionProcessor 類別。那麼你該怎麼做？在這種情況下，每次需要新增一個方法的時候就宣告一個新的類別並沒有什麼好處。實際上，這樣會增加整個專案的複雜性，因為它引進了名稱的污染，使得理解這些不同行為之間的關係變得更加困難。在 BankTransactionProcessor 中宣告方法有助於提高可發現性，因為你馬上就會知道這是一個將所有處理某種形式交易的方法分成一組的類別。既然已經決定了要在哪裡宣告，就可以如範例 3-1 所示般實作出來。

範例 3-1　找出特定金額的銀行交易

```java
public List<BankTransaction> findTransactionsGreaterThanEqual(final int amount) {
    final List<BankTransaction> result = new ArrayList<>();
    for(final BankTransaction bankTransaction: bankTransactions) {
        if(bankTransaction.getAmount() >= amount) {
            result.add(bankTransaction);
        }
    }
    return result;
}
```

這個程式碼是合理的，但是如果你還想搜尋某個特定月份該怎麼辦？你需要像範例 3-2 那樣複製這個方法。

範例 3-2　找出特定月份的銀行交易

```java
public List<BankTransaction> findTransactionsInMonth(final Month month) {
    final List<BankTransaction> result = new ArrayList<>();
    for(final BankTransaction bankTransaction: bankTransactions) {
        if(bankTransaction.getDate().getMonth() == month) {
            result.add(bankTransaction);
        }
    }
    return result;
}
```

你在前一章已經遇到過程式碼複製的問題，這是一種程式碼異味，會導致程式碼變得脆弱，尤其是在需求經常變動的情況下。例如，如果需要更改反覆運算邏輯，那麼在多個地方都需要修改。

這種方法也不適用於較複雜的需求。如果我們希望搜尋在一個特定月份之內超過一定金額的交易該怎麼辦？你可以像範例 3-3 那樣實作這個新的需求。

範例 3-3　找出特定月份內超過一定金額的銀行交易

```java
public List<BankTransaction> findTransactionsInMonthAndGreater(final Month month, final int
amount) {
    final List<BankTransaction> result = new ArrayList<>();
    for(final BankTransaction bankTransaction: bankTransactions) {
        if(bankTransaction.getDate().getMonth() == month && bankTransaction.getAmount() >=
```

```
amount) {
            result.add(bankTransaction);
        }
    }
    return result;
}
```

這種方法顯然有幾個缺點：

- 你的程式碼將變得越來越複雜，因為你必須合併銀行交易的多個特性。

- 選擇邏輯與反覆運算邏輯耦合，使得要將它們分離出來更加地困難。

- 你將不斷地複製程式碼。

這時候開放 / 封閉原則就派上用場了，它提倡能夠在不修改程式碼的情況下更改方法或類別的行為。在我們的範例中，這表示能擴充 `findTransactions()` 方法的行為，而不需要複製程式碼或更改程式碼來引進新的參數。這怎麼可能？如前所述，反覆運算和業務邏輯的概念是耦合在一起的。在前一章，你已瞭解到介面是將概念彼此分離的有用工具。在本例中，你將引進一個 BankTransactionFilter 介面，如範例 3-4 所示，該介面包含一個負責選擇邏輯並傳回布林值的 `test()` 方法。透過這種方式，`test()` 方法可以存取 BankTransaction 的所有屬性，以指定任何適當的選擇條件。

從 Java 8 開始，只包含一個抽象方法的介面稱為函數式介面（*functional interface*），你可以用 @FunctionalInterface 標註對其加以註記，來讓介面的意圖更為清晰。

範例 3-4　BankTransactionFilter 介面

```
@FunctionalInterface
public interface BankTransactionFilter {
    boolean test(BankTransaction bankTransaction);
}
```

Java 8 引進了一個泛型的 **java.util.function.Predicate<T>** 介面，這非常適合目前手頭上的問題。不過，本章將介紹一個新的命名介面，以免在本書剛開始沒多久就引進了過多的複雜性。

BankTransactionFilter 介面為 BankTransaction 選擇標準的概念建立了模型，現在你可以重構 findTransactions() 方法來使用它，如範例 3-5 所示。這樣的重構非常重要，因為你引進了一種透過這個介面將反覆運算邏輯與業務邏輯分離的方法。你的方法將不再依賴於特定篩選器的實作，而是把它們當作引數傳遞來引進新的實作，因此無需修改這個方法的主體。因此，它現在可以被擴充，但是卻不能被變更，這樣可以大幅降低對已經實作和測試過的程式碼的連鎖修改，從而減少了引入新 bug 的機會。換句話說，舊的程式碼仍然可以正常運作，並沒有受到影響。

範例 3-5　使用開放 / 封閉原則的彈性式 *findTransactions()* 方法

```
public List<BankTransaction> findTransactions(final BankTransactionFilter
bankTransactionFilter) {
    final List<BankTransaction> result = new ArrayList<>();
    for(final BankTransaction bankTransaction: bankTransactions) {
        if(bankTransactionFilter.test(bankTransaction)) {
            result.add(bankTransaction);
        }
    }
    return result;
}
```

建立功能介面的實例

馬克現在很滿意，因為你可以透過呼叫在 BankTransactionProcessor 所宣告的 findTransactions() 方法來實作任何新的需求，而這個方法也能正確實作 BankTransactionFilter 此作法是透過實作一個類別（如範例 3-6 所示），然後將一個實例當作引數傳給 findTransactions() 方法（如範例 3-7 所示）。

範例 3-6　宣告一個實作 *BankTransactionFilter* 的類別

```
class BankTransactionIsInFebruaryAndExpensive implements BankTransactionFilter {

    @Override
    public boolean test(final BankTransaction bankTransaction) {
        return bankTransaction.getDate().getMonth() == Month.FEBRUARY
                && bankTransaction.getAmount() >= 1_000);
    }
}
```

```
final List<BankTransaction> transactions
    = bankStatementProcessor.findTransactions(new BankTransactionIsInFebruaryAndExpensive());
```

Lambda 表達式

可是你每次都要為新的需求建立一個特殊的類別，過程中可能會增加不必要的模板，而且很快就會變得非常麻煩。自從 Java 8 以後，你可以利用 *lambda 表達式* 的特性，如範例 3-8 所示。暫時還不需要擔心這個語法和語言特性，我們將在第 7 章更詳細地瞭解 lambda 表達式和一種隨附的語言功能，稱為 *方法參照*（*method references*）。目前你可以先把它看成是傳入一個程式碼區塊（沒有名稱的函式），而不是傳入一個實作介面的物件。bankTransaction 是一個參數名稱，箭頭（->）把參數從 lambda 表達式的主體中分離出來，而 lambda 表達式只是一些程式碼，用來測試是否應該選擇某個銀行交易。

範例 3-8　以 *Lambda* 表達式實作 *BankTransactionFilter*

```
final List<BankTransaction> transactions
    = bankStatementProcessor.findTransactions(bankTransaction ->
            bankTransaction.getDate().getMonth() == Month.FEBRUARY
            && bankTransaction.getAmount() >= 1_000);
```

總而言之，開放 / 封閉原則是一個有用的原則，因為它：

- 透過不修改現有程式碼來降低程式碼的脆弱性

- 提高現有程式碼的再利用性，進而避免程式碼重複

- 有助於解耦，進而使得程式碼更容易維護

介面陷阱

到目前為止，你已經引進了一種有彈性的方法，可以找出滿足給定選擇條件的交易。你所進行的重構引發了在 BankTransactionProcessor 類別中宣告的其他方法應該如何處理的問題：它們應該屬於介面的一部分嗎？還是應該放在另外一個單獨的類別中？畢竟，你在上一章還實作了另外三個相關的方法：

- calculateTotalAmount()

- calculateTotalInMonth()

- `calculateTotalForCategory()`

我們不鼓勵你把所有東西都放在單一的介面中去實作一個神級介面。

神級介面

你可以採取的一種極端的作法是，將 `BankTransactionProcessor` 類別當作一個 API。因此，你可能希望定義一個介面，可以讓你將多個銀行交易處理器的實作解耦，如範例 3-9 所示。這個介面包含了實作銀行交易處理器需要的所有操作。

範例 3-9　神級介面

```
interface BankTransactionProcessor {
    double calculateTotalAmount();
    double calculateTotalInMonth(Month month);
    double calculateTotalInJanuary();
    double calculateAverageAmount();
    double calculateAverageAmountForCategory(Category category);
    List<BankTransaction> findTransactions(BankTransactionFilter bankTransactionFilter);
}
```

不過這種方法有幾個缺點。首先，這個介面會變得越來越複雜，因為每個輔助操作都是組成顯式 API 定義的一部分。其次，這個介面更像是一個你在前一章中看到的「神級類別」。事實上，該介面現在已經成為一個裝著所有可能操作的袋子。更糟糕的是，你實際上引進了兩種額外的耦合形式：

- Java 中的介面定義了每個實作都必須遵守的約定。換句話說，這個介面內的每一項操作都必須具體實作出來。如此一來，變更介面意味著也必須更新所有具體實作以支援該變更。添加的操作越多，發生變更的可能性就越大，進而擴大了潛在問題的範圍。

- 把 `BankTransaction` 的具體屬性（如月份和類型）當作方法名稱的一部分（例如 `calculateAverageForCategory()` 和 `calculateTotalInJanuary()`）對於介面來說更容易造成問題，因為它們現在依賴於領域物件的特定存取器。如果該域物件的內部發生了變更，那麼也可能導致介面發生變更，進而導致所有具體實作也發生變更。

所有這些就是為什麼通常建議定義較小介面的原因，這個想法是要把對於多個操作或領域物件內部的依賴降到最小。

過度細分

即然我們剛剛討論過越小越好，你可以採取的另一種極端作法是為每個操作定義一個介面，如範例 3-10 所示。你的 BankTransactionProcessor 類別將實作所有這些介面。

範例 3-10　過度細分的介面

```
interface CalculateTotalAmount {
    double calculateTotalAmount();
}

interface CalculateAverage {
    double calculateAverage();
}

interface CalculateTotalInMonth {
    double calculateTotalInMonth(Month month);
}
```

這種方法對於改善程式碼的維護也沒什麼用，事實上它還造成了「反內聚」。換句話說，當操作隱藏在許多單獨的介面中時，要發現感興趣的操作就變得更加困難。促進良好維護性的部分目的是要有助於發現常見的操作。此外，由於介面分得太細，你的專案中必須追蹤管理這些由新介面引進的許多不同的新類型，因而增加了整體的複雜度。

顯式與隱式 API

那麼，我們應該採取什麼務實的方法呢？我們建議遵循開放/封閉原則來為你的操作增加靈活性，並將最常見的情況定義為類別的一部分，它們可以用更一般的方法來實作。此時並不需要特別提供介面，因為我們沒想要實作不同的 BankTransactionProcessor，這些方法中沒有哪一種的專門化會讓你的整個應用程式受益，因此沒有必要在程式碼庫中過度設計和添加不必要的抽象化。BankTransactionProcessor 是一個簡單的類別，它可以讓你對銀行交易進行統計操作。

這也引發了一個問題：如果像 findTransactionsGreaterThanEqual() 這樣的方法可以很容易地用更一般的 findTransactions() 方法來實作，那麼是否還需要宣告它們？這種左右兩難的情況通常被稱為提供顯式 API 和隱式 API 的問題。

事實上，有兩個方面需要考慮。一方面，對於像 findTransactionsGreaterThanEqual() 這樣從名稱上就能自我說明並且很容易使用的方法，你應該不需要添加描述性的方法名稱來提高 API 的可讀性和理解性。但是，這種方法僅限於特定的情況，你很容易就能擁有大量的新方法來滿足各式各樣的需求。另一方面，像 findTransactions() 這樣的方法最初使用起來比較困難，它需要有良好的說明文件。但是，它為需要查找交易的所有情況提供了統一的 API。沒有什麼規則是最好的；這取決於你想要進行什麼類型的查詢。如果 findTransactionsGreaterThanEqual() 是一種非常常見的操作，那麼將它提取到顯式 API 中讓使用者更容易理解和使用是有意義的。

BankTransactionProcessor 最終版本的實作如範例 3-11 所示。

範例 3-11　*BankTransactionProcessor 類別的關鍵操作*

```java
@FunctionalInterface
public interface BankTransactionSummarizer {
    double summarize(double accumulator, BankTransaction bankTransaction);
}

@FunctionalInterface
public interface BankTransactionFilter {
    boolean test(BankTransaction bankTransaction);
}

public class BankTransactionProcessor {

    private final List<BankTransaction> bankTransactions;

    public BankStatementProcessor(final List<BankTransaction> bankTransactions) {
        this.bankTransactions = bankTransactions;
    }

    public double summarizeTransactions(final BankTransactionSummarizer
bankTransactionSummarizer) {
        double result = 0;
        for(final BankTransaction bankTransaction: bankTransactions) {
            result = bankTransactionSummarizer.summarize(result, bankTransaction);
        }
        return result;
    }

    public double calculateTotalInMonth(final Month month) {
        return summarizeTransactions((acc, bankTransaction) ->
                bankTransaction.getDate().getMonth() == month ? acc + bankTransaction.
getAmount() : acc
        );
    }
    // ...
```

```
    public List<BankTransaction> findTransactions(final BankTransactionFilter
bankTransactionFilter) {
        final List<BankTransaction> result = new ArrayList<>();
        for(final BankTransaction bankTransaction: bankTransactions) {
            if(bankTransactionFilter.test(bankTransaction)) {
                result.add(bankTransaction);
            }
        }
        return bankTransactions;
    }

    public List<BankTransaction> findTransactionsGreaterThanEqual(final int amount)
{
        return findTransactions(bankTransaction -> bankTransaction.getAmount() >= amount);
    }

    // ...
}
```

 如果你熟悉 Java 8 所推出的 Streams API，那麼到目前為止你所看到的很多匯總樣式都可以用它實作。例如，可以很容易地指定所要尋找的交易，如下所示：

```
    bankTransactions
        .stream()
        .filter(bankTransaction -> bankTransaction.getAmount() >= 1_000)
        .collect(toList());
```

雖然如此，Streams API 的實作所使用的基礎和原則與你在本節中學到的是一樣的。

領域類別或基本型別的值？

雖然我們保持 BankTransactionSummarizer 的介面定義簡單，但是如果你希望傳回一個匯總的結果，通常最好不要傳回像 double 這樣基本型別的值，因為它無法提供稍後傳回多個結果的靈活性。例如，方法 summarizeTransaction() 傳回一個 double，如果要更改結果的簽名以包含更多的結果，會需要更改 BankTransactionProcessor 的每個實作。

解決這個問題的方法是引進一個新的領域類別，比如封裝了 double 值的 Summary，這意味著將來你可以將其他欄位和結果添加到該類別中。

這個技術有助於進一步解耦領域中的各種概念，並且還有助於在需求變更時最小化一連串的更改。

雙精確度值的位數有限，因此在儲存小數時精確度有限。另一種選擇是使用 java.math.BigDecimal，它具有任意精確度，不過這種精確性是以增加 CPU 和記憶體開銷為代價的。

能匯出多種格式的程式

在上一節中，你學到了開放 / 封閉原則，並進一步研究了 Java 中介面的使用，這一項知識將會派上用場，因為馬克又有了一個新的需求！你要將所選定交易清單的匯總統計資訊匯出為不同的格式，包括純文字、HTML、JSON 等。要從哪裡開始？

定義領域物件

首先，你必須精確的定義使用者想要匯出的內容，我們將一起探討各種可能性以及如何取捨：

一個數字

也許使用者只是對傳回像 calculateAverageInMonth 這樣的運算結果感興趣，而這個結果將是雙精確度的數字。雖然這是最簡單的方法，正如我們前面所提到的，但是這種方法不夠靈活，因為它不能很好地處理不斷變化的需求。假設你建立了一個以 double 為輸入的匯出程式，這意味著如果你需要更改結果型別，那麼程式碼中呼叫該匯出程式的每個地方都需更改，這可能會引進新的 bug。

一個集合

也許使用者希望傳回一個交易清單，例如，由 findTransaction() 所傳回的交易。你甚至可以傳回一個 Iterable 來進一步提供傳回具體實作的靈活性。雖然這為你提供了更大的靈活性，但也只能讓你傳回一個集合。如果需要傳回多個結果（例如清單和其他匯總資訊）該怎麼辦？

一個特殊的領域物件

你可以引進一個新概念，比如 SummaryStatistics，來表示使用者想要匯出的摘要資訊。領域物件（*domain object*）只是與你的領域相關類別的一個實例。藉由引進領域物件，可以引進一種形式的解耦。事實上，如果有需要匯出額外資訊的新需求，你可以將其包含在這個新的類別中，而不必引發一連串的更改。

一個更複雜的領域物件

你可以引進一個像 Report 這樣更通用的概念，可以包含儲存各種結果（包括交易的集合）的不同類型的欄位。你是否需要它是取決於使用者需求，以及你是否會需要更複雜的資訊。這樣做的好處是，你可以將應用程式中產生報表物件的部分與使用報表物件的部分解耦。

對我們的應用程式而言，我們引進了一個領域物件，該物件儲存關於交易清單的匯總統計資訊，它的宣告如範例 3-12 的程式碼所示。

範例 3-12 儲存統計資訊的領域物件

```java
public class SummaryStatistics {

    private final double sum;
    private final double max;
    private final double min;
    private final double average;

    public SummaryStatistics(final double sum, final double max, final double min,
final double average) {
        this.sum = sum;
        this.max = max;
        this.min = min;
        this.average = average;
    }

    public double getSum() {
        return sum;
    }

    public double getMax() {
        return max;
    }

    public double getMin() {
        return min;
    }

    public double getAverage() {
        return average;
    }
}
```

定義並實作適當介面

現在你已經知道要匯出什麼，接下來要想出一個 API 來完成。你需要定義一個 Exporter 介面，將多種匯出格式的實作解耦，才能符合你在前一節中所學到的開放 / 封閉原則。事實上，由於它們所實作的介面相同，因此把匯出到 JSON 的實作替換成匯出到 XML 的實作，將會變得非常簡單。介面定義的第一次嘗試可能如範例 3-13 所示，方法 export() 接收一個 SummaryStatistics 物件並傳回 void。

範例 3-13　不好的匯出器介面

```
public interface Exporter {
    void export(SummaryStatistics summaryStatistics);
}
```

基於以下幾個理由，應避免使用這種方式：

- 傳回 void 型別沒什麼用，而且很難推理。你不知道傳回了什麼，export() 方法的簽名意味某個狀態發生了改變，或者該方法會將某些資訊記錄或列印回到螢幕，我們無從得知！

- 傳回 void 讓使用斷言來測試結果變得非常困難。與預期結果相比，實際的結果是什麼？遺憾的是，你無法從 void 中獲得這樣的結果。

考量到這一點，你想出了另一種能傳回 String 的 API，如範例 3-14 所示。現在很清楚的是，Exporter 會傳回一個字串，至於是否要列印出來或者把它儲存到一個檔案，甚至以電子方式發送，則由程式另外一個單獨的部分來決定。字串對於測試也非常有用，因為你可以直接將它們跟斷言進行比較。

範例 3-14　良好的匯出器介面

```
public interface Exporter {
    String export(SummaryStatistics summaryStatistics);
}
```

既然已經定義了用來匯出資訊的 API，就可以實作出各種遵循匯出介面規格的匯出器。在範例 3-15 中可以看到一個實作出基本 HTML 匯出程式的例子。

範例 3-15　實作匯出介面

```
public class HtmlExporter implements Exporter {
    @Override
    public String export(final SummaryStatistics summaryStatistics) {
```

```
        String result = "<!doctype html>";
        result += "<html lang='en'>";
        result += "<head><title>Bank Transaction Report</title></head>";
        result += "<body>";
        result += "<ul>";
        result += "<li><strong>The sum is</strong>: " + summaryStatistics.getSum()
+ "</li>";
        result += "<li><strong>The average is</strong>: " + summaryStatistics.getAverage()
+ "</li>";
        result += "<li><strong>The max is</strong>: " + summaryStatistics.getMax()
+ "</li>";
        result += "<li><strong>The min is</strong>: " + summaryStatistics.getMin()
+ "</li>";
        result += "</ul>";
        result += "</body>";
        result += "</html>";
        return result;
    }
}
```

例外處理

到目前為止,我們還沒有討論到當有錯誤發生時該怎麼辦,你能想到銀行分析器軟體可能發生故障的情況嗎?例如:

- 假如資料無法正確解析該怎麼辦?

- 假如要導入的銀行交易 CSV 檔無法讀取怎麼辦?

- 假如執行應用程式的硬體資源耗盡(例如 RAM 或磁碟空間用完),該怎麼辦?

在這些情況下,你會收到一個嚇人的錯誤訊息,其中包括顯示問題根源的堆疊追蹤記錄,範例 3-16 的程式碼片段展示了這些意外錯誤的例子。

範例 3-16 意料之外的問題

```
Exception in thread "main" java.lang.ArrayIndexOutOfBoundsException: 0

Exception in thread "main" java.nio.file.NoSuchFileException: src/main/resources/bank-data-
simple.csv

Exception in thread "main" java.lang.OutOfMemoryError: Java heap space
```

為什麼要使用例外？

現在讓我們暫時先把注意力放在 BankStatementCSVParser，我們要如何處理解析的問題？例如，CSV 檔案中的某一行可能不是我們所預期的格式：

- CSV 的欄位可能比預期的多了三個。

- CSV 的欄位可能比預期的少了三個。

- 某些欄位的資料格式可能不正確，例如，日期格式可能不正確。

回到 C 程式設計語言那個令人生畏的年代，你會添加許多 if 條件檢查，這些檢查會傳回一個晦澀的錯誤碼，這種方式有幾個缺點。首先，它依賴全域共用可變狀態來查找最近的錯誤。這使得要單獨去理解程式碼的各個部分變得更加困難。結果，你的程式碼會變得更難維護。第二，這種方法容易出錯，因為你需要區分實際值和編碼後的錯誤碼。這種情況下的型別系統比較弱，可能對程式設計師比較有利。最後，控制流程與業務邏輯混在一起，使得程式碼難以單獨維護和測試。

為了解決這些問題，Java 將例外納入為頭等語言特性，這帶來了許多好處：

文件憑證
　　該語言支援將例外當作方法簽名的一部分。

型別安全性
　　型別系統判斷你是否正在處理例外的流程。

關注點分離
　　用 try/catch 區塊將業務邏輯和例外回復分開。

但問題是，把例外當作語言的特性也增加了更多的複雜性，你可能熟悉 Java 區分兩種例外的事實：

已檢查的例外
　　這些是你預期能夠從中恢復的錯誤。在 Java 中，你必須宣告一個方法，並列出該方法可以引發的已檢查例外的清單，否則就要為特定的例外提供適當的 try/catch 區塊。

未檢查的例外

這些錯誤可以在程式執行期間的任何時候引發。方法不必在其簽名中明確地宣告這些例外，呼叫者也不必像處理已檢查的例外一樣，刻意地去處理它們。

Java 例外類別是在定義良好的層次結構中組織起來的，圖 3-1 描述了 Java 中的層次結構。Error 和 RuntimeException 類別是未檢查例外，也是 Throwable 的子類別，你不應該指望能捕獲這些例外並從中恢復。Exception 類別通常表示程式應該能夠從中恢復的錯誤。

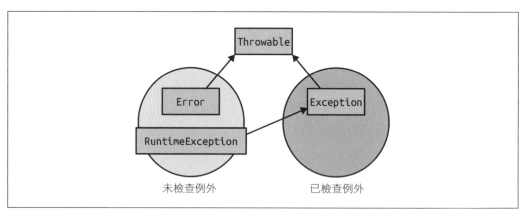

圖 3-1　Java 中的例外層次結構

具有例外的樣式及反樣式

在什麼情況下應該使用哪一類的例外？你可能還想知道如何更新 BankStatementParser API 以支援例外的功能。遺憾的是，沒有一個簡單的答案。在決定什麼是適合你的正確作法時，需要一點實用主義。

想要解析 CSV 檔案時需要考量兩個單獨的問題：

- 解析正確的語法（例如 CSV、JSON）

- 資料驗證（例如，文字說明應少於 100 個字元）

你將先把注意力放在語法錯誤上，然後才是資料的驗證。

在未檢查和已檢查之間做出選擇

在某些情況下，CSV 檔可能沒有遵照正確的語法（例如，缺少分隔逗號）。忽略了這個問題，將導致應用程式執行時出現令人困惑的錯誤。在程式碼中支援例外的好處之一是，當出現問題時可為 API 的使用者提供更清晰的診斷。因此，你決定添加一個簡單的檢查，如範例 3-17 中的程式碼所示，將會引發一個 CSVSyntaxException 例外。

範例 3-17　引發語法例外

```
final String[] columns = line.split(",");

if(columns.length < EXPECTED_ATTRIBUTES_LENGTH) {
    throw new CSVSyntaxException();
}
```

CSVSyntaxException 應該是已檢查的例外或是未檢查的例外？要回答這個問題，你要先問問自己是否需要 API 的使用者採取強制回復的動作。例如，如果是暫時性的錯誤，使用者可以實作重試機制，或者在螢幕上顯示一條訊息，為應用程式加上禮貌性回應。通常，由業務邏輯驗證引起的錯誤（例如，格式或計算錯誤）應該歸類於未經檢查的例外，因為它們會在你的程式碼中添加大量凌亂的 try/catch，而正確的回復機制是什麼可能也不是很明顯，於是也就沒有必要強制 API 的使用者。此外，系統錯誤（例如，磁碟空間不足）也應該是未經檢查的例外，因為客戶端也無法針對這點做些什麼。簡而言之，我們的建議是使用未檢查的例外，並且僅少量使用已檢查的例外，以避免程式碼中出現明顯的混亂情況。

現在，一旦你知道資料遵照正確的 CSV 格式，我們就可以來處理驗證資料的問題。你將學會用例外進行驗證的兩種常見的反樣式。然後，你也將學到通知（Notification）樣式，該樣式為資料驗證問題提供了一個可維護的解決方案。

過度具體

你所想到的第一個問題是，驗證邏輯應該加在哪裡？你可以在建構 BankStatement 物件時就加入驗證邏輯，但是基於以下幾個原因，我們建議創建一個專用的 Validator 類別：

- 當你需要重複使用驗證邏輯時，不必複製驗證邏輯。

- 你能夠確保系統的不同部分以相同的方式進行驗證。

- 你可以輕鬆地單獨對驗證邏輯進行單元測試。

- 它符合了 SRP 原則，進而簡化了維護的工作並且讓程式容易理解。

使用例外來實作驗證器的方法有很多種，範例 3-18 示範了一個過於具體的作法。你考慮到每個邊際情況來驗證輸入，並將每個邊際情況轉換為一個已檢查的例外。DescriptionTooLongException、InvalidDateFormat、DateInTheFutureException 和 InvalidAmountException 都是使用者定義的已檢查例外（即，它們擴充了 Exception 類別），雖然這種方法讓你為每個例外指定絲毫不差的回復機制，但是由於它需要做很多的設定、宣告多種例外，並強制使用者明確地處理每個例外，因此顯然事半功倍，而且跟幫助使用者理解和簡單地使用 API 背道而馳。此外，你無法收集所有的錯誤來提供使用者一個完整的清單。

範例 3-18 過於具體的例外

```java
public class OverlySpecificBankStatementValidator {

    private String description;
    private String date;
    private String amount;

    public OverlySpecificBankStatementValidator(final String description, final String date,
final String amount) {
        this.description = Objects.requireNonNull(description);
        this.date = Objects.requireNonNull(description);
        this.amount = Objects.requireNonNull(description);
    }

    public boolean validate() throws DescriptionTooLongException,
                                     InvalidDateFormat,
                                     DateInTheFutureException,
                                     InvalidAmountException {

        if(this.description.length() > 100) {
            throw new DescriptionTooLongException();
        }

        final LocalDate parsedDate;
        try {
            parsedDate = LocalDate.parse(this.date);
        }
        catch (DateTimeParseException e) {
            throw new InvalidDateFormat();
        }
        if (parsedDate.isAfter(LocalDate.now())) throw new DateInTheFutureException();

        try {
            Double.parseDouble(this.amount);
```

```
        }
        catch (NumberFormatException e) {
            throw new InvalidAmountException();
        }
        return true;
    }
}
```

過度漠視

另一個極端是讓所有的例外都是未檢查的例外；例如，透過 `IllegalArgumentException`。範例 3-19 中的程式碼顯示了依照這種方式實作的 `validate()` 方法。這種作法的問題是，你不能使用特定的回復邏輯，因為所有的例外都是相同的！此外，整體而言你仍然無法收集所有的錯誤。

範例 3-19　每一個例外都用 IllegalArgument 來處理

```
public boolean validate() {

    if(this.description.length() > 100) {
        throw new IllegalArgumentException("The description is too long");
    }

    final LocalDate parsedDate;
    try {
        parsedDate = LocalDate.parse(this.date);
    }
    catch (DateTimeParseException e) {
        throw new IllegalArgumentException("Invalid format for date", e);
    }
    if (parsedDate.isAfter(LocalDate.now())) throw new IllegalArgumentException("date cannot
be in the future");

    try {
        Double.parseDouble(this.amount);
    }
    catch (NumberFormatException e) {
        throw new IllegalArgumentException("Invalid format for amount", e);
    }
    return true;
}
```

接下來，你將學到什麼是通知樣式，它提供了一種解決方案，以突顯過度具體和過度漠視的反樣式缺點。

通知樣式

通知樣式主要是為使用太多未檢查例外的情況提供解決方案，作法是引進一個領域類別來收集錯誤 [1]。

首先你需要一個 Notification 類別來負責收集錯誤，範例 3-20 中的程式碼顯示了 Notification 類別的宣告。

範例 3-20　引進領域類別 *Notification* 來收集錯誤

```
public class Notification {
    private final List<String> errors = new ArrayList<>();

    public void addError(final String message) {
        errors.add(message);
    }

    public boolean hasErrors() {
        return !errors.isEmpty();
    }

    public String errorMessage() {
        return errors.toString();
    }

    public List<String> getErrors() {
        return this.errors;
    }

}
```

引進這個類別的好處是，現在你可以宣告一個驗證器，它能夠一次收集多個錯誤，而這在你之前所研究的兩種方法中是不可能的。你現在可以簡單地將訊息加到 Notification 物件中，而不是引發例外，如範例 3-21 所示。

範例 3-21　通知樣式

```
public Notification validate() {

    final Notification notification = new Notification();
    if(this.description.length() > 100) {
        notification.addError("The description is too long");
```

1　此樣式是由馬丁・福勒（Martin Fowler）首次提出。

```
    }

    final LocalDate parsedDate;
    try {
        parsedDate = LocalDate.parse(this.date);
        if (parsedDate.isAfter(LocalDate.now())) {
            notification.addError("date cannot be in the future");
        }
    }
    catch (DateTimeParseException e) {
        notification.addError("Invalid format for date");
    }

    final double amount;
    try {
        amount = Double.parseDouble(this.amount);
    }
    catch (NumberFormatException e) {
        notification.addError("Invalid format for amount");
    }
    return notification;
}
```

使用例外的準則

現在，你已經知道可以使用例外的情況，接下來讓我們討論一些在應用程式中有效使用例外的一般性原則。

不要忽略任何例外

忽略例外絕對不是個好主意，因為你將無法診斷問題的根源。如果一時想不出明確的處理機制，那麼就先引發未檢查的例外。如此一來，如果你真的需要處理已檢查的例外，就會在執行時看到問題後，被迫回來處理它。

不要捕獲一般性例外

盡可能捕獲特定的例外，以提高可讀性並支援更具體的例外處理。如果你捕獲了一般性的 Exception，那麼它還包括一個 RuntimeException。有些 IDE 可能會產生過於一般性的 catch 子句，因此你可能還要想想看如何讓 catch 子句更具體。

為例外提供說明文件

提供 API 層級的例外說明，包括未檢查的例外，以方便進行故障排除。事實上，未經檢查的例外會報告應該解決的問題根源，範例 3-22 中的程式碼顯示了一個用 @throw Javadoc 語法說明例外的例子。

範例 3-22　提供例外的說明

```
@throws NoSuchFileException if the file does not exist
@throws DirectoryNotEmptyException if the file is a directory and
could not otherwise be deleted because the directory is not empty
@throws IOException if an I/O error occurs
@throws SecurityException In the case of the default provider,
and a security manager is installed, the {@link SecurityManager#checkDelete(String)}
method is invoked to check delete access to the file
```

當心特定於實作的例外

不要引發特定於實作的例外，因為這樣會破壞 API 的封裝。例如，範例 3-23 中 read() 的定義強制任何未來的實作引發 OracleException，而 read() 所能支援的來源明明就跟 Oracle 完全無關！

範例 3-23　一個針對特定實作的無效例外

```
public String read(final Source source) throws OracleException { ... }
```

例外與控制流程

不要將例外用於控制流程，範例 3-24 中的程式碼舉例說明了在 Java 中錯誤地使用了例外，該程式碼要依靠一個例外來退出讀取迴圈。

範例 3-24　將例外用於控制流程

```
try {
    while (true) {
        System.out.println(source.read());
    }
}
catch(NoDataException e) {
}
```

出於以下幾個原因,你應該避免使用這樣的程式碼。首先,try/catch 例外的語法增加了不必要的混亂,使得程式碼的可讀性變差。其次,它讓程式碼的意圖更難以理解。例外的作用是為了處理錯誤和異常的情況。因此,在確定需要引發例外之前,最好不要建立例外。最後,在引發例外的事件時,會需要與保持堆疊記錄相關的額外開銷。

不使用例外的替代方式

你已經學會了如何在 Java 中使用例外,讓你的銀行對帳單分析器更為強健和易於理解。那麼,除了例外還有什麼其他選擇呢?我們簡要地描述了四種不同的方法以及它們的優缺點。

使用 null

你可能會問,為什麼不能像範例 3-25 那樣傳回 null 就好,而要引發特定的例外。

範例 3-25　傳回 null 而不是例外

```
final String[] columns = line.split(",");

if(columns.length < EXPECTED_ATTRIBUTES_LENGTH) {
    return null;
}
```

這種方法是絕對要避免的。事實上,null 除了無法為呼叫者提供有用的資訊之外,也很容易出錯。因為你必須明確地記住要檢查 API 的結果是否為 null,這實際上會導致許多 NullPointerException 和很多不必要的除錯!

空物件樣式

Java 中有時會採用一種空物件樣式(*Null Object pattern*)的作法。簡而言之,不是以傳回 null 來表示物件不存在,而是傳回一個實作了預期介面但卻沒有實作其方法本體的物件。這種策略的優點是,你不用處理意外的 Null Pointer 例外和一長串的 null 檢查。事實上,這個空物件的行為是完全可以預測的,因為它沒有任何功能!儘管如此,這種樣式也可能會造成問題,因為你可能會用一個只是忽略了實際問題的物件來隱藏資料中的潛在問題,以致於讓故障排除更加困難。

Optional<T>

從 Java 8 開始引入了一個內建的 `java.util.Optional<T>` 資料型別，專門用來表示值的存在或不存在。`Optional<T>` 提供了一組方法來明確地處理沒有值的情況，這有助於減少發生錯誤的範圍。它還允許你將各種 `Optional` 物件組合在一起，這些物件可以當作不同 API 的傳回型別，其中一個例子是串流 API 中的 `findAny()` 方法，你將在第 7 章學到更多有關如何使用 `Optional<T>` 的資訊。

Try<T>

還有另一種用來表示可能成功或失敗操作的 `Try<T>` 資料型別。在某種程度上，它跟 `Optional<T>` 有點像，不過所針對的是操作而不是值。換句話說，`Try<T>` 資料型別同樣帶來了程式碼可組合性的好處，並且有助於減少程式碼中發生錯誤的範圍。遺憾的是，`Try<T>` 資料型別並沒有內建於 JDK 中，而是由你所能找到的外部函式庫所支援。

使用建構工具

到目前為止，你已經瞭解什麼是良好的程式設計實務和原理。但是該如何組織、建構和執行應用程式呢？本節重點在於討論為什麼必須使用專案建構工具，以及如何使用 Maven 和 Gradle 等建構工具以可預見的方式打造和執行應用程式。在第 5 章中，你將學到更多關於如何使用 Java 套件有效地安排應用程式結構的相關主題。

為什麼要使用建構工具？

讓我們仔細想想執行應用程式的問題，其中要注意幾個重點：首先，在專案中一旦編寫了程式碼，就必須使用 Java 編譯器（javac）來編譯。你還記得所有編譯多個檔案所需的命令嗎？那麼多個套件又該如何？如果要匯入其他 Java 函式庫，該如何管理依賴項？如果專案需要以 WAR 或 JAR 等特定的格式打包該怎麼辦？突然間事情變得一團糟，開發人員所面臨的壓力也越來越大。

要自動化所有必要的命令，你必須建立一個腳本，這樣就不必每次都要重複這些命令。然而，引進一個新的腳本意味著你當前和未來的所有團隊成員都需要熟悉你的思維方式，以便能夠隨著需求的演進來維護和更改腳本。其次，必須考慮到整個軟體發展生命週期；不僅僅是開發和編譯程式碼，還要包括測試和部署。

解決這些問題的方法是使用建構工具，你可以將建構工具視為一個助手，它可以幫你將軟體發展生命週期中的重複任務自動化，包括建構、測試和部署應用程式。建構工具有很多好處：

- 它提供了一個思考專案的共通結構，讓你的同事能夠馬上就對專案感到熟悉。

- 它為建構和執行應用程式提供了一個可重複的、標準化的流程。

- 你可以花較多的時間在開發上，而在底層配置和設定上則花費較少的時間。

- 你減少了由於錯誤配置或建構中少了某些步驟而造成錯誤的機會。

- 透過重複使用（而不是重新實作）常見的建構任務，可以節省時間。

現在，你將探索 Java 社群中兩種廣受歡迎的建構工具：Maven 和 Gradle[2]。

使用 Maven

Maven 在 Java 社群中非常受到歡迎，它讓你得以描述軟體的建構過程及其依賴項。此外，還有一個由社群所維護的大型儲存庫，Maven 可以用它自動下載應用程式會用到的函式庫和依賴項。Maven 最初是在 2004 年發佈的，當時 XML 非常流行，因此 Maven 中建構過程的宣告是以 XML 為基礎。

Project structure

Maven 最大的好處在於，它從一開始就帶有幫助維護的結構，Maven 專案從兩個主要的資料夾開始：

src/main/java

> 你可以在這裡開發並找到專案所需的所有 Java 類別。

src/test/java

> 你可以在這裡開發並找到專案的所有測試。

還有兩個有用但不是必須的額外資料夾：

2　早期的 Java 還有另一個流行的建構工具（叫做 Ant），但是現在已經沒有人在使用。

`src/main/resources`

你可以在這裡納入額外的資源，例如應用程式所需的文字檔。

`src/test/resources`

你可以在這裡納入測試用的額外資源。

有了這個共通的目錄佈局，熟悉 Maven 的人就可以立刻找到重要的檔案。若要指定建構過程，需要建立一個 *pom.xml* 檔指定各種 XML 宣告，來記錄建構應用程式所需的步驟。常見的 Maven 專案佈局如圖 3-2 所示。

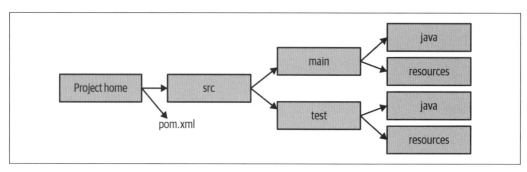

圖 3-2　Maven 標準目錄佈局

範例建構檔

下一步是建立指定建構過程的 *pom.xml*，範例 3-26 中的程式碼片段示範了一個基本的實例，你可以用它來建構銀行對帳單分析程式專案。在這個檔案中你會看到幾個元件：

`project`

這是所有 *pom.xml* 檔中最頂層的元件。

`groupId`

這個元件指出建立專案的機構的唯一識別碼。

`artifactId`

這個元件為建構過程所產生的作品指定唯一的基本名稱。

packaging

這個元件指出該成品所使用的套件類型（例如 JAR、WAR、EAR 等）。 如果省略 XML 元件的套件，則預設值為 JAR。

version

專案所產生的作品的版本。

build

這個元件指定各種配置來引導建構流程，例如外掛程式和資源等。

dependencies

這個元件指定了專案的依賴項清單。

範例 3-26　在 Maven 中的 pom.xml 建構檔

```xml
<?xml version="1.0" encoding="UTF-8"?>
<project xmlns="http://maven.apache.org/POM/4.0.0"
        xmlns:xsi="http://www.w3.org/2001/XMLSchema-instance"
        xsi:schemaLocation="http://maven.apache.org/POM/4.0.0 http://
maven.apache.org/xsd/maven-4.0.0.xsd">
    <modelVersion>4.0.0</modelVersion>

    <groupId>com.iteratrlearning</groupId>
    <artifactId>bankstatement_analyzer</artifactId>
    <version>1.0-SNAPSHOT</version>

    <build>
        <plugins>
            <plugin>
                <groupId>org.apache.maven.plugins</groupId>
                <artifactId>maven-compiler-plugin</artifactId>
                <version>3.7.0</version>
                <configuration>
                    <source>9</source>
                    <target>9</target>
                </configuration>
            </plugin>
        </plugins>
    </build>

    <dependencies>
        <dependency>
            <groupId>junit</groupId>
            <artifactId>junit</artifactId>
```

```
                <version>4.12</version>
                <scope>test</scope>
            </dependency>
        </dependenciesn>
    </project>
```

Maven 命令

一旦你建立了 *pom.xml*，下一步是用 Maven 來建構和打包你的專案！可用的命令有很多種，我們只介紹幾個基本的：

mvn clean

　　清除任何從先前的建構中所產生的作品

mvn compile

　　編譯專案的原始程式碼（預設情況下在生成的 *target* 目標資料夾中）

mvn test

　　測試編譯過的原始程式碼

mvn package

　　以適當的格式（例如 JAR）打包已編譯的程式碼

例如，從檔案 *pom.xml* 所在的目錄執行命令 mvn package 將產生類似如下的輸出：

```
[INFO] Scanning for projects...
[INFO]
[INFO] ------------------------------------------------------------------------
[INFO] Building bankstatement_analyzer 1.0-SNAPSHOT
[INFO] ------------------------------------------------------------------------
[INFO]
[INFO] ------------------------------------------------------------------------
[INFO] BUILD SUCCESS
[INFO] ------------------------------------------------------------------------
[INFO] Total time: 1.063 s
[INFO] Finished at: 2018-06-10T12:14:48+01:00
[INFO] Final Memory: 10M/47M
```

你將在 *target* 資料夾中看到生成的 JAR 檔 *bankstatement_analyzer-1.0-SNAPSHOT.jar*。

如果你想要用 mvn 命令在生成的作品中執行一個 main 類別，你可能需要去看一下 exec 外掛程式（*https://oreil.ly/uoPbv*）。

使用 Gradle

Maven 不是 Java 領域中唯一可用的建構工具，Gradle 是除了 Maven 之外的另一個流行的建構工具。但是你可能會覺得納悶，為什麼還要使用另一個建構工具？Maven 不是最廣泛採用的嗎？Maven 的缺點之一是，使用 XML 會降低程式碼的可讀性，並且增加程式碼的處理難度。例如，通常需要在建構過程中提供各種客製化的系統命令，例如複製和移動檔案。用 XML 語法來指定這樣的命令並不是很好用。此外，XML 通常被認為是一種冗長的語言，這可能會增加維護開銷。然而，Maven 引進了很多好的想法，例如專案結構的標準化，Gradle 從中得到了啟發。Gradle 的最大優點之一是，它使用友善的領域特定語言（Domain Specific Language，DSL），以 Groovy 或 Kotlin 程式語言來指定建構過程。因此，指定建構更自然、更容易自行定義，也更容易理解。此外，Gradle 支援快取和漸進式編譯等特性，這些特性有助於加快建構時間 3。

建構檔範例

Gradle 的專案結構跟 Maven 類似。但是，你將要宣告一個 *build.gradle* 檔，而不是 *pom.xml*。還有一個 *settings.gradle* 檔，包含多專案建構的配置變數和設定。在範例 3-27 的程式碼片段中，你可以找到一個用 Gradle 編寫的小型建構檔，它相當於範例 3-26 中的 Maven 範例。你不得不承認它要簡潔得多了！

範例 3-27　Gradle 的建構檔 build.gradle

```
apply plugin: 'java'
apply plugin: 'application'

group = 'com.iteratrlearning'
version = '1.0-SNAPSHOT'

sourceCompatibility = 9
targetCompatibility = 9
```

3　更多有關 Maven 和 Gradle 的資訊，請參見 *https://gradle.org/maven-vs-gradle/*。

```
mainClassName = "com.iteratrlearning.MainApplication"

repositories {
    mavenCentral()
}
dependencies {
    testImplementation group: 'junit', name: 'junit', version:'4.12'
}
```

Gradle 命令

你現在終於可以藉由跟 Maven 類似的命令來執行建構的過程,在 Gradle 中的每個命令都是一個任務。你可以定義自己的任務並執行它們,或者使用內建任務,例如 test、build 和 clean:

gradle clean

> 清理以前的建構過程中產生的檔

gradle build

> 打包應用程式

gradle test

> 執行測試

gradle run

> 如果套用了 application 外掛程式,則執行在 mainClassName 中指定的 main 類別

例如,執行 gradle build 將產生類似以下的輸出:

```
BUILD SUCCESSFUL in ls
2 actionable tasks: 2 executed
```

你將在 Gradle 建構過程中所產生的 build 資料夾中找到生成的 JAR。

重點整理

- 開放 / 封閉原則提出了無需修改程式碼就能變更方法或類別行為的概念。

- 開放 / 封閉原則透過不更改現有程式碼來降低程式碼的脆弱性、提高現有程式碼的再使用性並促進解耦,進而讓程式碼更容易維護。

- 神級介面與許多具體指定方法的介面引進複雜性和耦合。

- 針對單一介面過度細分的方法可能會造成與內聚背道而馳的現象。

- 方法名稱應具有自我描述性,以提高你的 API 的可讀性和可理解性。

- 操作的結果傳回 void 會增加測試其行為的困難度。

- Java 中的例外有助於說明、型別安全和關注點分離。

- 謹慎使用已檢查的例外,而不要用預設的例外,因為它們可能會造成嚴重的混亂。

- 過於具體的例外可能會讓軟體開發變得沒有效率。

- 通知樣式引進了一個領域類別來收集錯誤。

- 不要忽略例外或去捕獲一般 Exception,因為你將錯失診斷問題根源的良機。

- 建構工具將軟體發展生命週期中的重複任務自動化,包括建構、測試和部署應用程式。

- Maven 和 Gradle 是 Java 社群所使用的兩種流行的建構工具。

延伸練習

如果你想擴展和鞏固本節的知識,你可以嘗試以下活動之一:

- 支援不同資料格式的匯出,包括 JSON 和 XML

- 在銀行對帳單分析器周圍再開發一個基本的 GUI

完成挑戰

馬克對你最後版本的銀行對帳單分析器非常滿意。幾天後,世界上發生了一場新的金融危機,你的應用程式像病毒一樣迅速傳播。是時候開始在下一章做一個令人興奮的新專案了!

第四章

文件管理系統

挑戰

在成功地為馬克實作了進階銀行對帳單分析程式之後，你決定執行一些其他的任務，包括跟牙醫預約看診時間。阿瓦吉醫生已經成功地執業了多年，她那些快樂的病人到年老時還能保持潔白的牙齒。不過像這樣執業成功的缺點是，每年都會產生越來越多的患者病歷文件，每當她需要找到先前的治療記錄時，她的助手花在檔案櫃中搜尋病歷的時間越來越長。

她意識到該是把這些檔案的管理和追蹤流程自動化的時候了。幸運的是，她有一個病人可以幫她！你將為她撰寫管理這些文件的軟體，使她能夠找到這些會讓她的事業蓬勃發展的資訊。

目標

在本章中，你將學到各種不同的軟體發展原則。設計文件管理的關鍵是繼承關係，這表示要擴充一個類別或實作一個介面。為了用正確的方法來做這件事，你會需要瞭解以著名的電腦科學家 Barbara Liskov 命名的里氏替換原則（Liskov Substitution Principle）。

透過對於「組合優先於繼承」原則的討論，你對於何時該使用繼承的理解將更加充實。

最後，你將透過瞭解什麼是好的、可維護的測試來延伸如何撰寫自動化測試程式碼的知識。現在我們已經介紹了本章的內容，讓我們回過頭來瞭解阿瓦吉醫生對文件管理系統有什麼需求。

 如果你想查看本章的原始程式碼，可以隨時查看本書程式碼儲存庫中的 `com.iteratrlearning.shu_book.chapter_04` 套件。

文件管理系統需求

在與阿瓦吉醫生一次友好的茶敘中，她透露了她想要管理的文件是以檔案的型式儲存在電腦中。文件管理系統要能夠匯入這些檔，並記錄關於每個檔案中資訊，這些資訊可以被編成索引以供搜尋。她比較在意的文件有三種類型：

報告

　　一段詳細描述病人手術諮詢的文字。

信件

　　發送到某個位址的純文字文件（想想看，你可能已經對這些很熟悉了）。

影像

　　牙科診所經常記錄的牙齒和牙齦的 X 光或照片，這些是有分尺寸大小的。

此外，所有文件都需要記錄所管理檔案的路徑以及該文件所涉及的患者。阿瓦吉醫生需要能夠搜尋這些文件，並查詢關於不同類型文件的每個屬性是否包含特定的資訊；例如，搜尋內容包含「Joe Bloggs」的信件。

在談話中，你還確定了阿瓦吉醫生未來可能希望再添加其他類型的文件。

加上細節以充實設計

在面對這個問題時，有許多重要的設計選項和建模方法可供選擇，這些選擇是主觀的，我們鼓勵你在閱讀本章之前或之後試著為阿瓦吉醫生的問題撰寫一個解決方案。在第 73

頁的「替代方法」中，你可以看到我們要避免不同選擇的原因，以及它們背後的總體原則。

著手處理任何程式的第一步最好是以測試驅動開發（test-driven development，TDD）的角度出發，這就是我們在撰寫本書的解決方案範本時所做的。我們到第 5 章才會講到 TDD，所以讓我們從思考軟體需要完成什麼開始，並逐步充實貫徹這些行為的程式碼。

文件管理系統應該能夠根據要求匯入文件，並將該文件添加到其內部文件儲存裝置中。為了滿足這個需求，讓我們建立 DocumentManagementSystem 類別並添加兩個方法：

void importFile(String path)

以使用者希望匯入到文件管理系統的檔案路徑當作輸入參數。由於這是一個公開的 API 方法，可能會從正式環境系統中取得使用者的輸入，所以我們將路徑視為字串，而不是像 java.nio.Path 或 java.io.File 那樣型別更為安全的類別。

List<Document> contents()

傳回文件管理系統目前儲存的所有文件清單。

你會注意到 contents() 傳回某種 Document 類別的清單。我們還沒有說這個類別到底是什麼，但它將會在適當的時候再次出現。現在你可以假設它是一個空類別。

匯入程式

這個系統的關鍵特徵之一是，我們要能夠匯入不同類型的文件。就這個系統而言，你可以按照檔案的副檔名來決定如何匯入它們，因為阿瓦吉醫生一直以一些特別的副檔名來儲存檔案。她所有的信件的都是用 *.letter* 為副檔名、報告用 *.report*，並且只使用 *.jpg* 格式儲存影像。

最簡單的做法是將匯入機制的所有程式碼都放到一個方法中，如範例 4-1 所示。

範例 *4-1　擴充範例的 switch 敘述*

```
switch(extension) {
    case "letter":
        // 匯入信件的程式碼
        break;

    case "report":
        // 匯入報告的程式碼
        break;
```

```
            case "jpg":
                // 匯入影像的程式碼
                break;

            default:
                throw new UnknownFileTypeException("For file: " + path);
    }
```

這種做法可以解決當前的問題，但難以推廣。每次要添加另一種要處理的檔案類型時，就要在 switch 敘述中實作另一個選項。隨著時間的推移，這種方法將變得冗長而難以理解。

如果你讓主類別保持既簡潔又簡單，並且將匯入不同類型文件的實作分成不同的類別，那麼就很容易單獨地找到和理解每個匯入程式。為了支援不同的文件類型，可定義一個 Importer 介面，而每個 Importer 都是一個可以匯入不同類型檔案的類別。

既然我們知道需要一個介面來匯入檔案，那麼該如何表示要匯入的檔案？我們有兩種不同的選項：使用純字串表示檔案的路徑，或者使用表示檔案的類別，例如 java.io.File。

你可以假設這裡應該比較適用強型別原則：與使用 String 相比，採用代表檔案的類型可縮小發生錯誤的範圍。讓我們採用這種做法，並且以 java.io.File 物件當作 Importer 介面中的參數來表示要匯入的檔案，如範例 4-2 所示。

範例 4-2　匯入程式介面

```
interface Importer {
    Document importFile(File file) throws IOException;
}
```

你可能會問，為什麼 *DocumentManagementSystem* 的公開 *API* 不採用 *File* 物件呢？原因是在這個應用程式中，我們的公開 API 可能會被包裝在某種使用者介面中，而我們不能確定要採哪種形式接收檔案。因此，我們選擇了保持簡單，並且只使用了 String 型別。

Document 類別

現在讓我們也定義一下 Document 類別。每個文件都有多個我們可以搜尋的屬性，而不同的文件又有不同類型的屬性。在定義 Document 時，我們可以考慮幾種不同選項的優缺點。

表示文件的第一種也是最簡單的方法是使用 Map<String, String>，將屬性名稱對映到與這些屬性相關聯的值。那麼，為什麼不乾脆透過應用程式傳遞 Map<String, String> 就好了呢？引進一個領域類別來為單一文件建模不僅僅是盲目的全然接受 OOP 而已，而是為了提供應用程式一系列的可維護性和可讀性方面的實質改進。

首先，為應用程式中的元件指定具體名稱的價值不能被誇大，溝通才是王道！好的軟體開發團隊使用一種通用語言（*Ubiquitous Language*）來描述他們的軟體。將應用程式碼中使用的詞彙與客戶（例如阿瓦吉醫生）交談時使用的詞彙表相匹配，可以讓維護工作較為容易。當你與同事或客戶進行對話時，你將不可避免地需要就某些共通的語來達成共識，才能用來描述軟體的不同層面。透過將其對映到程式碼本身，可以很容易地知道要修改程式碼的哪個部分，這稱為**可發現性**（*discoverability*）。

通用語言（*Ubiquitous Language*）一詞是由艾瑞克・伊凡斯（Eric Evans）所創造，起源於領域驅動設計（*Domain Driven Design*），指的是一種在開發人員和使用者之間明確定義和共用的共通語言。

鼓勵你引進類別來為文件建模的另一個原則是強型別，很多人使用這個術語時指的是程式設計語言的本質，但是這裡我們指的是在實作軟體時更實際的使用強型別。型別讓我們得以限制使用資料的方式。例如，我們的 Document 類別是不可變的：一旦建立了 Document 類別，就不能**改變**（*mutate*）它的任何屬性。我們實作的 Importer 會建立文件；沒有其他東西可以改變它們。如果看到一個 Document 的某個屬性出現錯誤，可以將錯誤的來源縮小到建立這個 Document 的特定 Importer。你還可以從不可變性推斷出可以編列索引或快取與 Document 相關的任何資訊，而且由於文件是不可變的，因此你知道它將永遠是正確的。

開發人員在為 Document 建模時可能會考慮的另一種設計選項是讓 Document 擴充 HashMap<String, String>。乍看之下，這樣似乎很好，因為 HashMap 具有建模 Document 所需的所有功能。然而，基於幾個原因，這並不是一個好的選擇。

軟體設計經常是盡可能的限制不需要的功能，畢竟你要建構的是你真正需要的東西。如果 Document 類別只是 HashMap 的子類別，那麼將允許應用程式修改文件類別，也就是會立即放棄上述不變性帶來的好處。將集合包裝起來還讓我們有機會賦予方法更有意義的名稱，而不是透過呼叫 get() 方法來查找屬性，這實際上看不出任何意義！稍後我們將更詳細地討論繼承與組合，因為在這裡所提到的實際上是繼承與組合的一個特例。

簡而言之，領域類別允許我們為一個概念命名，並限制這個概念可能的行為和值，以提高可發現性並縮減錯誤的範圍。因此，我們選擇為 Document 建模，如圖 4-3 所示。如果你想知道為什麼它不像大多數介面那樣全部都是 public，稍後將在第 73 頁的「範圍界定和封裝選擇」中再討論。

範例 4-3　文件

```java
public class Document {
    private final Map<String, String> attributes;

    Document(final Map<String, String> attributes) {
        this.attributes = attributes;
    }

    public String getAttribute(final String attributeName) {
        return attributes.get(attributeName);
    }
}
```

關於 Document 需要注意的最後一點是，它有一個在套件範圍內的建構子。Java 類別通常宣告其建構子為 public，但這可能是一個糟糕的選擇，因為它允許專案中任何地方的程式碼都能建立該型別的物件。為了讓只有文件管理系統中的程式碼才能建立 Document，因此我們讓建構子的作用範圍限在套件內，並將存取權限侷限於文件管理系統所在的套件。

屬性和階層式文件

在 Document 類別中，我們使用 Strings 作為屬性，這樣有沒有違背強型別的原則？這裡的答案是「有」和「沒有」。我們將屬性儲存為純文字，以便它們可以透過純文字的形式進行搜尋。不僅如此，我們還希望確保所有屬性都是以一種非常通用的形式創建的，而於創建它們的 Importer 無關。在這種情況下，Strings 是個不錯的選擇。需要注意的是，在應用程式中傳遞用來表示資訊的 Strings 通常被認為是一個壞主意。與強型別不同的是，這被稱為泛字串型別（stringly type）！

特別是，如果要以更複雜的方式使用屬性值，那麼解析出不同的屬性型別將非常有用。例如，如果我們希望能夠找到一定距離內的地址或高度和寬度小於一定大小的影像，那麼擁有強類型屬性將會很有幫助，就以寬度大小的比較來說，用整數來計算會容易得多。然而，在這個文件管理系統中，我們根本不需要那樣的功能。

你可以使用對 Importer 類別層次結構建模的 Documents，來設計具有類別層次結構的文件管理系統。例如，ReportImporter 匯入擴充了 Document 的 Report 類別的實例，這會通過子類別化的基本完整性檢查。換句話說，你可以說 Report 是一個 Documents，這句話很合理，可是我們選擇不沿著這個方向走，因為在 OOP 環境中為類別建模的正確方法是根據行為和資料來思考。

這些文件都是根據具名屬性以非常一般性的方式來建模，而不是根據存在於不同子類別中的特定欄位。此外，就這個系統而言，文件幾乎沒有與它們有相關聯的行為。於沒有任何好處的情況下，在這裡增加類別層次結構根本沒有意義。你可能會認為這句話本身有點武斷，但它告訴了我們另一個原則：KISS。

你在第 2 章中學到了 KISS 原則，KISS 意味著設計要保持簡單會比較好，即使通常很難避免不必要的複雜性，但仍然值得努力去嘗試。每當有人說，「我們可能需要 X」或者「如果我們也做 Y 會很酷」時，就斷然地拒絕吧！過度膨脹和複雜的設計都是圍繞著可擴充性和可有可無的程式碼而展開的，擁有這些程式碼固然是很好，卻不是必須的。

實作和註冊匯入程式

你可以實作 Importer 介面來查找不同類型的檔案，範例 4-4 展示了匯入影像的方式。Java 的核心函式庫的一大優點在於，它提供了大量開箱即用的內建功能。這裡我們用 ImageIO.read 方法讀取一個影像檔，然後從所傳回的 BufferedImage 物件中提取影像的寬度和高度。

範例 4-4　*ImageImporter*

```
import static com.iteratrlearning.shu_book.chapter_04.Attributes.*;

class ImageImporter implements Importer {
    @Override
    public Document importFile(final File file) throws IOException {
        final Map<String, String> attributes = new HashMap<>();
        attributes.put(PATH, file.getPath());

        final BufferedImage image = ImageIO.read(file);
        attributes.put(WIDTH, String.valueOf(image.getWidth()));
        attributes.put(HEIGHT, String.valueOf(image.getHeight()));
        attributes.put(TYPE, "IMAGE");

        return new Document(attributes);
    }
}
```

屬性名稱是在 Attributes 類別中定義的常數，這樣就避免了不同匯入程式對同一個屬性名稱使用不同字串的錯誤；例如，"Path" 和 "path"。Java 本身並沒有直接的常數概念，範例 4-5 顯示的是常用的習慣用法。這個常數是 public，因為我們希望能夠在不同的匯入程式中使用它，儘管你可以用一個 private 或以 package 為範圍的常數。使用 final 關鍵字可以確保它不會被重新指派其他的值，而 static 可以確保每個類別只有一個實例。

範例 4-5　如何定義 *Java* 的常數？

```
public static final String PATH = "path";
```

三種不同類型的檔案各有不同的匯入程式，你在第 74 頁的「擴充和重複使用程式碼」中會看到另外兩個實作，所以別擔心，我們並沒有藏私。為了在匯入檔案時能夠使用 Importer 類別，我們還需要註冊匯入程式以便查找它們。此外，我們將以要匯入檔案的副檔名當作 Map 的鍵，如範例 4-6 所示。

範例 4-6　註冊匯入程式

```
private final Map<String, Importer> extensionToImporter = new HashMap<>();

public DocumentManagementSystem() {
    extensionToImporter.put("letter", new LetterImporter());
    extensionToImporter.put("report", new ReportImporter());
    extensionToImporter.put("jpg", new ImageImporter());
}
```

既然你已經知道如何匯入文件，我們就可以實作搜尋程式了。在這裡，我們不會把重點放在實作文件搜尋的最有效方法，因為我們沒有想要實作 Gooogle，只是把阿瓦吉醫生所需要的資訊提供給她即可。在與阿瓦吉醫生的一次談話中，她透露了希望能夠查找關於 Document 的不同屬性的資訊。

只要能夠在屬性值中找到子序列，就可以滿足她的需求。例如，她可能想要搜尋一個叫做喬（Joe）的病人（patient）的文件，並且在文件中含有健怡可樂（*Diet Coke*）子字串。因此，我們設計了一種非常簡單的查詢語言，由一系列以逗號分隔的屬性名稱和子字串對所組成，上述查詢可以寫成 "patient:Joe,body:Diet Coke"。

由於搜尋的實作是以保持簡單為原則，而不是試圖進行高度最佳化，因此它只是對系統中記錄的所有文件進行線性掃描，並針對每個查詢測試所有的文件。傳遞給 search 方法的查詢字串 String 被解析為 Query 物件，然後針對每個 Document 測試該查詢物件。

里氏替換原則（LSP）

我們討論了一些與類別相關的特定設計決策，例如，用類別為不同 `Importer` 的實作來建模，還有為什麼我們沒有為 `Document` 類別引進類別的層次結構，以及為什麼我們沒有乾脆就讓 `Document` 繼承 `HashMap`。但這裡有一個更廣泛的原則，允許我們將這些例子歸納成一種你可以在任何軟體中使用的方法。這個原則叫做**里氏替換原則**（*Liskov Substitution Principle*，LSP），它可以幫我們瞭解如何正確地進行子類別化和實作介面，而 LSP 也代表了在本書中一直提到的 SOLID 原則中的 L。

里氏替換原則通常用一些非常正式的術語來表達，但實際上是一個非常簡單的概念，讓我們揭開其中一些術語的神秘面紗。如果你聽到**型別**一詞，在這種情況下請視為一個類別或介面，而**子型別**一詞則是指在型別之間建立父子關係；換句話說，也就是繼承一個類別或實作一個介面。因此，非正式地說，你可以假設子類別應該保持從父類別所繼承的行為。我們知道，這聽起來像是一個顯而易見的說法，但我們可以更具體地將 LSP 分為四個不同的部分：

LSP

令 $q(x)$ 是型別為 T 的物件 x 的可證明屬性，那麼對於型別為 S 的物件 y 而言，$q(y)$ 應該也成立，其中 S 是 T 的子型別。

在子型別中不能加強先決條件

先決條件確立了某些程式碼可以正常運作的條件，但是你不能假設你寫的東西在任何地方都能正常運作。例如，我們所有 `Importer` 的實作都有一個先決條件，即要匯入的檔存在並且是可讀的。因此，`importFile` 方法在調用任何 `Importer` 之前都有用來驗證的程式碼，如範例 4-7 所示。

範例 4-7　importFile 定義

```java
public void importFile(final String path) throws IOException {
    final File file = new File(path);
    if (!file.exists()) {
        throw new FileNotFoundException(path);
    }

    final int separatorIndex = path.lastIndexOf('.');
    if (separatorIndex != -1) {
```

```
        if (separatorIndex == path.length()) {
            throw new UnknownFileTypeException("No extension found For file: " +
path);
        }
        final String extension = path.substring(separatorIndex + 1);
        final Importer importer = extensionToImporter.get(extension);
        if (importer == null) {
            throw new UnknownFileTypeException("For file: " + path);
        }

        final Document document = importer.importFile(file);
        documents.add(document);
    } else {
        throw new UnknownFileTypeException("No extension found For file: " + path);
    }
}
```

LSP 意味著你所要求的先決條件限制不能比你父母所要求的還要多。因此,例如,如果父文件能夠匯入任意大小的文件,那麼你就不能要求文件大小不得超過 100KB。

子型別不能弱化後置條件

這聽起來可能有點令人感到困惑,因為它讀起來很像第一條規則。所謂後置條件是指程式碼執行後必須為真的條件。例如,在執行 importFile() 之後,如果要匯入的檔案是有效的,那麼它必須在 contents() 所傳回的文件清單中。所以如果父型別有一些副作用或者傳回某些值,那麼子型別也必須這樣做。

超型別的不變量必須保留在子型別中

不變量是永遠不變的東西,就像潮汐的漲落一樣。套用在繼承的情況下,我們希望確保任何預期由父類別維護的不變量,在子類別中也應該要維護。

歷史規則

這是 LSP 最難理解的層面。本質上,子類別不應該允許父類別所不允許的狀態被更改。因此,在我們的範例程式中有一個不可變的 Document 類別。換句話說,一旦建立了該類別的實例,你就不能刪除、添加或修改任何屬性,而且不能建立由 Document 類別所衍生出的可變 Document 子類別。這是因為父類別的任何使用者都會預期在呼叫 Document 類別的方法時得到某些特定行為的回應。如果子類別是可變的,則可能跟呼叫者預期這些方法會傳回的結果有所出入。

替代方法

在設計文件管理系統時，你可以採用完全不同的方法。我們現在來看看一些其他選項，因為我們認為它們具有啟發性的意義。雖然所有這些替代做法都沒有錯，但我們確實認為我們所選擇的方法是最好的。

讓匯入程式成為一個類別

你可以選擇為匯入程式（Importer）建立一個類別層次結構，並且在 Importer 之上建立一個類別而不是介面。介面和類別所提供的功能不同。你可以實作多個介面，類別則可以包含實例欄位，而通常在類別中會將方法的主體實作出來。

在這種情況下，使用層次結構的原因是為了使用不同的匯入程式。你已經知道我們要避免基於類別的脆弱繼承關係的動機，因此在這裡使用介面是更好的選擇應該是無庸置疑的。

這並不是說在其他地方選擇類別不會比較好，如果你想在問題領域中建立牢固的「*is-a*」繼承關係，而這個關係又涉及到狀態或許多行為，那麼以類別為基礎的繼承會更合適，只不過在這裡我們認為不是最合適的選擇。

範圍界定和封裝選擇

如果你花時間仔細看一下程式碼，可能會注意到 Importer 介面、它的實作及 Query 類別的作用範圍都是在套件之內。套件範圍是預設的作用範圍，因此如果你看到檔案最上面帶有 class Query 的類別檔，就知道它的作用範圍是限制在套件之內，如果是 public class Query，那麼它的範圍就是公開的。套件範圍限制意味著同一個套件中的其他類別可以看到或存取該類別，但是其他套件則不行，這是一種隱身裝置。

Java 生態系統的奇怪之處在於，即使套件範圍是預設的作用範圍，但是往往在一個軟體開發展專案中，總是會發現 public 範圍的類別比套件範圍的類別要多。也許一開始就應該把預設值設為 public，但無論如何套件範圍都是一個非常有用的工具，它能幫你封裝這些類型的設計決策。本節中很多內容都是在評論當你設計系統時可以使用的不同選項，而且你可能會想要在維護系統時將系統重構為這些備選設計方案中的一種。如果我們把這些實作細節洩露到相關的套件之外，將會增加設計的困難度。透過儘量採取套件範圍的設計方式，可以防止套件以外的類別對內部設計做出過多的假設。

我們認為同樣值得重申的是，這只是對這些設計選擇的一種理由和解釋。做出本節中所列出的其他選項在本質上並沒有什麼錯，根據應用程式隨著時間的發展，它們可能會變得更合適。

擴充和重複使用程式碼

談到軟體，唯一不變的就是變化。隨著時間的推移，你可能希望增加產品的特性，客戶需求可能會發生變化，而法規可能會迫使你不得不修改軟體。正如我們前面所提到的，阿瓦吉醫生可能想要在文件管理系統添加更多的文件。事實上，當我們第一次展示我們為她所撰寫的軟體時，她馬上意識到她也想在這個系統中記錄開立給客戶的帳單。帳單是具有主體、金額的檔案，其副檔名為 .invoice，範例 4-8 顯示了一個帳單的例子。

範例 4-8　帳單範例

> 親愛的喬·博格斯
>
> 這是您接受牙科治療的帳單。
>
> Amount: $100
>
> 致上我的問候，
>
> 　阿瓦吉醫生
> 　最棒的牙醫

幸運的是，阿瓦吉醫生所有發票的格式都一樣。如你所見，我們需要從中提取金額，金額那一行以 Amount: 為前置詞。收到帳單這個人的名字在信的開頭，並以「親愛的」為前置詞。事實上，我們的系統實作了一種通用的方法，能夠根據給定的前置詞查找該行的後置詞，如範例 4-9 所示。在本例中，欄位 lines 行已經初始化為匯入檔案中的行。我們傳遞一個 prefix（例如，Amount:）給該方法，它會把該行的其餘部分（後置詞）與所提供的屬性名稱產生關聯。

範例 4-9　addLineSuffix 定義

```
void addLineSuffix(final String prefix, final String attributeName) {
    for(final String line: lines) {
        if (line.startsWith(prefix)) {
            attributes.put(attributeName, line.substring(prefix.length()));
            break;
        }
    }
}
```

事實上，我們在匯入一封信時也有類似的概念。請思考範例 4-10 中的信函範例。在這裡，你可以透過查找以「親愛的」開頭的行來提取患者的名字。信函中還包括要從文字檔中提取出來的地址和正文。

範例 4-10　信函範例

親愛的喬·博格斯

123 Fake Street
Westminster
London
United Kingdom

我們寫這封信的目的是要確認您與阿瓦吉醫生預約的看診時間
將由 2016 年 12 月 29 日改成 2017 年 1 月 5 日。

致上我的問候，

阿瓦吉醫生
最棒的牙醫

在匯入病人的報告時，我們也遇到類似的問題。阿瓦吉醫生的報告在病人的名字前面加上 Patient:，並且像信函一樣也包含了正文，你可以在範例 4-11 中看到一個報告的例子。

範例 4-11　報告範例

Patient: 喬·博格斯

2017 年 1 月 5 日，我檢查了喬的牙齒。
我們討論了他從喝可樂改為健怡可樂的過程。
他的牙齒沒有發現新的問題。

因此，這裡有一種選擇是讓所有三個基於純文字的匯入程式用相同的方法實作，來查找具有給定前置詞那一行的後置詞（如範例 4-9 所示）。如果我們根據所寫程式碼的行數向阿瓦吉醫生收費，這將是一個很好的策略，因為我們同樣的工作做一次就可以賺到三倍的錢！

遺憾的是（不過一想到前述的激勵因素，或許沒有那麼遺憾），客戶很少根據寫了多少行程式碼來付費，重點是客戶的需求有沒有滿足，所以我們真的希望能夠在三個匯入程式之間重複使用這些程式碼。為了重用程式碼，我們需要把它放在某個類別中，你基本上有三個選項可以考慮，每個都有各有其利弊：

- 使用公用程式類別

- 使用繼承

- 使用領域類別

最簡單的選項是建立一個公用程式類別。你可以把它叫做 `ImportUtil`。然後，每次你想要在不同的匯入程式之間共用一個方法時，都可以把它放到這個公用程式類別中，你的公用程式類別最終將會包含一堆靜態方法。

儘管公用程式類別看起來不錯而且又簡單，但它還不是物件導向程式設計的巔峰。物件導向風格包括讓應用程式中的概念由類別來建模。如果你想建立一個東西，那麼無論你的東西是什麼，都可以調用 `new Thing()` 來建立，而跟這個東西相關的屬性和行為應該是放在 `Thing` 類別中的方法。

如果你遵照將真實世界的物件建模為類別的原則，那麼它確實會讓人更容易理解你的應用程式，因為它為你提供了一個結構，並將領域的心理模型對映到程式碼上。你想改變信函的匯入方式嗎？那麼就編輯 `LetterImporter` 類別吧！

公用程式類別違背了這一期望，並且往往最後會變成一堆沒有單一職責或概念的程序式的程式碼。隨著時間的推移，這通常會導致在我們的程式碼庫中出現神級類別；換句話說，一個大的類別最終承擔了過多的責任。

那麼，如果你想要把這種行為和一個概念產生關聯該怎麼做？下一個最顯而易見的方法可能是使用繼承。在這種方法中，你可以讓不同的匯入程式擴充一個 `TextImporter` 類別，然後將所有共用的功能放入該類別，並在子類別中重複使用它。

繼承在許多情況下都是一個設計上的完美選擇。你已經看過了里氏替換原則，以及它如何限制繼承關係的正確性。然而在實務上，當繼承無法為某些真實世界的關係建模時，繼承往往是一個糟糕的選擇。

在本例中，`TextImporter` 是一個 `Importer`，而且我們可以確信我們的類別遵守了 LSP 規則，但這看起來並不是一個很好的概念。與現實世界的關係不符之繼承關係的問題是它們往往很脆弱，隨著應用程式的發展，你希望抽象化的概念也隨著應用程式一起發展，而不是反過來阻礙了應用程式的發展。根據經驗，純粹為了能夠重複使用程式碼而引進繼承關係並不是一個好主意。

我們最後的選擇是使用領域類別來為文字檔建模。為了要使用這種方法，我們需要對一些底層概念建模，並透過援引底層概念之上的方法來建構不同的匯入程式。那麼這裡的概念又是什麼呢？我們真正要做的是操縱文字檔的內容，因此我們把這個類別稱為 TextFile。它沒有原創性或創造性，但這就是重點。你知道操縱文字檔的功能在哪裡，因為這個類別是以一種非常簡單的方式命名。

範例 4-12 顯示了 TextFile 類別及其欄位的定義。請注意，這不是 Document 的子類別，因為文件不應該只跟文字檔綁在一起，我們也可以匯入影像之類的二進位檔案。這只是一個為文字檔的基本概念建模的類別，並具有從文字檔提取資料的相關方法。

範例 4-12　TextFile 的定義

```
class TextFile {
    private final Map<String, String> attributes;
    private final List<String> lines;

    // class continues ...
```

就匯入程式而言，這是我們所選擇的方法。我們認為這讓我們得以用一種靈活的方式來為問題領域建模。它不會把我們束縛在脆弱的繼承層次結構中，但仍然允許我們重複使用程式碼。範例 4-13 展示了如何匯入帳單，病人姓名和金額的後置詞被加進來了，並將文件類型設定為帳單。

範例 4-13　匯入帳單

```
@Override
public Document importFile(final File file) throws IOException {
    final TextFile textFile = new TextFile(file);

    textFile.addLineSuffix(NAME_PREFIX, PATIENT);
    textFile.addLineSuffix(AMOUNT_PREFIX, AMOUNT);

    final Map<String, String> attributes = textFile.getAttributes();
    attributes.put(TYPE, "INVOICE");
    return new Document(attributes);
}
```

你還可以在範例 4-14 中看到另一個使用 TextFile 類別的匯入程式，不用擔心 TextFile. addLines 是如何實作的；你可以在範例 4-15 中看到對此的說明。

範例 4-14　匯入信函

```
@Override
public Document importFile(final File file) throws IOException {
    final TextFile textFile = new TextFile(file);
```

```
        textFile.addLineSuffix(NAME_PREFIX, PATIENT);

        final int lineNumber = textFile.addLines(2, String::isEmpty, ADDRESS);
        textFile.addLines(lineNumber + 1, (line) -> line.startsWith("致上我的問候，"),
    BODY);

        final Map<String, String> attributes = textFile.getAttributes();
        attributes.put(TYPE, "LETTER");
        return new Document(attributes);
    }
```

不過，這些類別一開始並不是這樣寫的，他們也是經過進化才演變到目前的狀態。當我們開始撰寫文件管理系統的程式碼時，第一個純文字的匯入程式（LetterImporter）將所有的文字提取邏輯都內嵌在類別中，這是一個很好的開始。試圖找出可重複使用的程式碼通常會導致不恰當的抽象化，所以還是按部就班就好。

當我們開始寫 ReportImporter 時，發現許多的純文字提取邏輯可以在兩個匯入程式之間共用，這點益發明顯，而且實際上應該調用我們在這裡介紹的一些常見領域概念（即 TextFile）的方法來編寫它們。事實上，我們一開始甚至採取複製貼上的方式來撰寫兩個類別之間共用的程式碼。

這並不是說將程式碼複製貼上就好了，當然不是這樣。不過在開始撰寫一些類別時，最好複製一些程式碼。一旦你實作了更多的應用程式，就能看出正確的抽象化（例如，TextFile 類別）。只有當你對於正確的刪除哪些重複的程式碼稍有瞭解時，才能沿用這個方式來刪除重複的程式碼。

在範例 4-15 中，你可以看到如何實作 TextFile.addLine 方法，這是實作不同匯入程式所共用的程式碼。它的第一個引數是 start 索引，告訴你要從哪個行號開始。然後是一個應用於該行的布林參數值（Predicate）isEnd，如果我們已經到達該行的最後，它將傳回 true。最後是我們要與此值產生關聯的屬性名稱 attributeName。

範例 4-15　addLines 的定義

```
    int addLines(
        final int start,
        final Predicate<String> isEnd,
        final String attributeName) {

        final StringBuilder accumulator = new StringBuilder();
        int lineNumber;
        for (lineNumber = start; lineNumber < lines.size(); lineNumber++) {
            final String line = lines.get(lineNumber);
```

```java
        if (isEnd.test(line)) {
            break;
        }

        accumulator.append(line);
        accumulator.append("\n");
    }
    attributes.put(attributeName, accumulator.toString().trim());
    return lineNumber;
}
```

測試衛生

正如你在第 2 章所學到的，撰寫自動化測試對於軟體可維護性有很多好處。它讓我們能夠縮小迴歸的範圍，並瞭解是犯了什麼錯誤才導致了迴歸，讓原本正常運作的程式發生異常。它還讓我們能夠信心十足地重構程式碼。然而，測試並不是神奇的萬靈丹，我們需要撰寫和維護大量程式碼，才能獲得這些好處。如你所知，撰寫和維護程式碼是一件困難的事情，許多開發人員發現，當他們第一次開始撰寫自動化測試時，會用掉很多開發人員的時間。

為了解決測試的可維護性問題，你需要掌握測試衛生（*test hygiene*）。測試衛生的意思是要讓你的測試程式碼保持乾淨，並確保它與測試中的程式碼庫一起得到維護和改進。如果你不維護和處理你的測試，隨著時間的推移，它們將成為開發人員生產力的負擔。在本節中，你將瞭解有助於保持測試衛生的幾個關鍵點。

為測試命名

談到測試，首先要考慮的是它們的命名。開發人員可能會對命名非常固執己見，這是個很容易被廣為討論的話題，因為每個人都可能跟它相關並思考這個問題。我們認為要記住的是，很少有明確的、真正好的名稱，但是卻有很多很多不好的名稱。

我們為文件管理系統撰寫的第一個測試是測試匯入檔案並建立 Document。這是在我們引進 Importer 概念之前撰寫的，並沒有特別針對 Document 的屬性來測試，程式碼如範例 4-16 所示。

範例 4-16　測試 *importing.files*

```java
@Test
public void shouldImportFile() throws Exception
{
```

```
        system.importFile(LETTER);
        final Document document = onlyDocument();

        assertAttributeEquals(document, Attributes.PATH, LETTER);
    }
```

這個測試的名稱是 shouldImportFile，驅動測試命名的關鍵原則是可讀性、可維護性，並且充當可執行文件。當你看到正在執行的測試類別的報告時，這些名稱應該充當說明哪些功能有效和哪些功能無效的敘述。這讓開發人員可以輕鬆地從應用程式行為對映到斷言該行為已實作的測試。透過減少行為和程式碼之間的阻抗不匹配，我們可以讓其他開發人員更容易明白將來會發生什麼。這是一個確認文件管理系統匯入了一個檔案的測試。

然而，有許多命名的反樣式。最糟糕的反樣式是將一個測試命名為完全無法描述這個測試內容的名稱，例如，test1。test1 到底是要測試什麼？是要考驗讀者的耐心嗎？善待閱讀你的程式碼的人，就像你希望他們對待你一樣。

另一個常見的測試命名反樣式是根據概念或名詞來命名，例如，file 或 document。測試名稱應該描述測試中的行為，而不是概念。還有另一個測試命名反樣式是簡單地用測試期間所調用的方法，而不是根據行為來命名測試。在這種情況下，測試可能被命名為 importFile。

你可能會問，把我們的測試命名為 shouldImportFile，不是犯了這個錯誤？這種指責有一定的道理，但這裡我們只是描述被測試的行為。事實上，importFile 方法是透過各種測試來進行的；例如，shouldImportLetterAttributes、shouldImportReportAttributes 和 shouldImportImageAttributes，這些測試都不是叫做 importFile，而是描述了更具體的行為。

好了，現在你知道什麼是不好的命名了，那麼好的測試命名是什麼呢？你應該遵守三個經驗法則，並且以它們作為測試命名的準繩：

使用領域術語

將測試名稱中使用的詞彙與描述問題領域或應用程式本身引用的詞彙保持一致。

使用自然語言

每個測試名稱都應該是你可以很輕易看懂的句子，它應該總是以可讀的方式描述某些行為。

能自我說明

讀取程式碼的次數要比撰寫程式碼的次數多好幾倍，不要吝嗇花更多的時間去想一個好的名字，這個名字在開始的時候要能夠自我說明，以便之後更容易理解。如果你想不出一個好名字，為什麼不問問同事呢？打高爾夫球時，擊球的桿數最少就能獲勝，但程式設計不是這樣的；最短不一定是最好的。

你可以遵守 DocumentManagementSystemTest 中所使用的慣例，在測試名稱前面加上「應該」一詞，也可以選擇不這樣做；那只是個人喜好的問題。

著重外在表現而非實作

如果你正在為類別、元件甚至系統撰寫測試，那麼你應該只測試被測試對象的公開表現。就文件管理系統而言，我們只有以 DocumentManagementSystemTest 的形式對公開 API 的表現進行測試。在這個測試中，我們測試了 DocumentManagementSystem 類別的公開 API，也就相當於測試了整個系統，這個 API 可以在範例 4-17 中看到。

範例 4-17　*DocumentManagementSystem 類別的公開 API*

```java
public class DocumentManagementSystem
{
    public void importFile(final String path) {
        ...
    }

    public List<Document> contents() {
        ...
    }

    public List<Document> search(final String query) {
        ...
    }
}
```

我們的測試應該只調用這些公開 API 方法，而不應試圖檢查物件或設計的內部狀態。這是開發人員所犯的主要錯誤之一，導致了難以維護的測試。依賴於特定的實作細節會導致脆弱的測試，因為如果你更改了相關的實作細節，即使外在表現仍然可以正常運作，但測試也可能開始會失敗。請看範例 4-18 中的測試。

範例 4-18 測試信函的匯入

```java
@Test
public void shouldImportLetterAttributes() throws Exception
{
    system.importFile(LETTER);

    final Document document = onlyDocument();

    assertAttributeEquals(document, PATIENT, JOE_BLOGGS);
    assertAttributeEquals(document, ADDRESS,
        "123 Fake Street\n" +
            "Westminster\n" +
            "London\n" +
            "United Kingdom");
    assertAttributeEquals(document, BODY,
        "這封信是要確認您與阿瓦吉醫生約診的日期 " +
        "將從 2016 年 12 月 29 日重新安排至 2017 年 1 月 5 日。");
    assertTypeIs("LETTER", document);
}
```

測試這個信函匯入功能的一種方法是，將測試寫成 LetterImporter 類別的單元測試。這看起來非常類似於：匯入一個範例檔，然後對匯入程式所返回的結果進行斷言。不過，在我們的測試中，LetterImporter 本身只是一個實作細節。在第 74 頁的「擴充和重複使用程式碼」中，你看到了許多替代的選項，用來編排我們的匯入程式碼。透過以這種方式安排測試，我們可以在不破壞測試的情況下將內部重構為不同的設計。

所以我們已經說過，要測試類別的表現依賴於使用公開 API，但是也有一些行為通常不只是因為把方法設定為公開或私有而受到限制。例如，我們可能不希望依賴於 contents() 方法傳回文件的順序，這個屬性不會受到 DocumentManagementSystem 類別的公開 API 所限制，而是需要小心避免的事情。

這方面的一個常見反樣式是透過 getter 或 setter 將私有狀態公開，以便測試更為容易。你應該儘量避免這樣做，因為這會讓你的測試變得脆弱。如果你公開這種狀態只是為了使測試表面上更容易，久而久之最終會使得應用程式更難維護。這是因為如果程式碼庫做了任何修改，包括了修改表示內部狀態的方式，那麼測試也需要跟著修改。有時這個跡象顯示你需要重構出一個可以更容易、更有效地測試的新類別。

不要自我重複

第 74 頁的「擴充和重複使用程式碼」廣泛討論了如何從應用程式中移除重複的程式碼，以及最後程式碼應該放在哪裡。對於測試程式碼的維護而言，完全相同的推理一樣適用。遺憾的是，開發人員通常不會像處理應用程式碼那樣費心從測試碼中移除重複的內容。如果查看範例 4-19，你會看到一再地斷言最後產生的 Document 具有不同屬性的測試。

範例 4-19　測試影像的匯入

```
@Test
public void shouldImportImageAttributes() throws Exception
{
    system.importFile(XRAY);

    final Document document = onlyDocument();

    assertAttributeEquals(document, WIDTH, "320");
    assertAttributeEquals(document, HEIGHT, "179");
    assertTypeIs("IMAGE", document);
}
```

通常，你必須查找每個屬性的名稱，並斷言它是否等於某個期望值。但這裡的測試是一個相當常見的操作，因此可以把共同的邏輯提取到 assertAttributeEquals 方法，其實作如範例 4-20 所示。

範例 4-20　實作新的斷言

```
private void assertAttributeEquals(
    final Document document,
    final String attributeName,
    final String expectedValue)
{
    assertEquals(
        "Document has the wrong value for " + attributeName,
        expectedValue,
        document.getAttribute(attributeName));
}
```

良好的診斷

如果找不出哪裡有問題，那就是一個不好的測試。事實上，如果你在測試的時候從未見過失效的情況，你又如何能確定這個測試是否真的有在做任何事呢？在撰寫測試時，最好的做法是針對失效進行最佳化。當我們說最佳化時，並不是指在測試失敗時讓它執行得更快，而是要確保以一種盡可能容易地理解為什麼會失敗以及如何造成失敗的方式來撰寫它，要做到這一點的訣竅是良好的診斷（*diagnostics*）。

所謂診斷，是指測試到失效時列印出來的訊息和資訊。這個訊息越清楚地顯示出失效的內容，就越容易針對測試失效的地方進行除錯。你可能會問，很多時候 Java 測試都是在具有內建除錯器的現代 IDE 中執行的，為什麼還要為此煩惱呢？呃⋯，有時測試可能在持續整合環境中執行，有時測試可能從命令列執行。即便你是在 IDE 中執行它們，擁有良好的診斷資訊仍然很有幫助。希望我們已經說服你相信良好的診斷訊息是必要的，但是它們在程式碼中看起來是長什麼樣的呢？

範例 4-21 顯示了一個斷言「系統只包含單一文件」的方法，我們將稍微解釋一下 hasSize() 方法。

範例 *4-21*　測試系統是否只包含單一檔案

```
private Document onlyDocument()
{
    final List<Document> documents = system.contents();
    assertThat(documents, hasSize(1));
    return documents.get(0);
}
```

JUnit 提供給我們的最簡單的斷言類型是 assertTrue()，它將接受一個預期為真的布林值，範例 4-22 顯示了我們如何利用 assertTrue 來實作測試。在這個情況下，該值將被檢查出等於 0，以便它將在 shouldImportFile 測試中失效，並進而列印出故障診斷資訊。問題是，我們除了 AssertionError 之外並沒有得知很好的診斷訊息。在圖 4-1 的訊息中沒有任何提供資訊，你不知道什麼會失效，也不知道被拿來比較的是哪些值，甚至連你的名字不叫瓊恩・雪諾（Jon Snow）你都不知道。

範例 *4-22*　*assertTrue* 範例

```
assertTrue(documents.size() == 0);
```

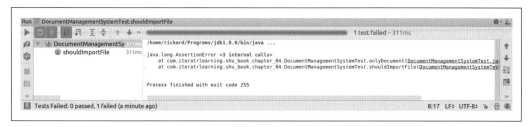

圖 4-1　assertTrue 失效的截圖

最常用的斷言是 assertEquals，它接受兩個值並檢查它們是否相等，並且透過重載來支援內建型別的值。因此，在這裡我們可以斷言 documents 清單的大小為 0，如範例 4-23 所示。這將產生一個稍好的診斷訊息，如圖 4-2 所示，你知道期望值是 0，實際值是 1，但是它仍然沒有給你任何有意義的上下文。

範例 4-23　*assertEquals* 範例

```
assertEquals(0, documents.size());
```

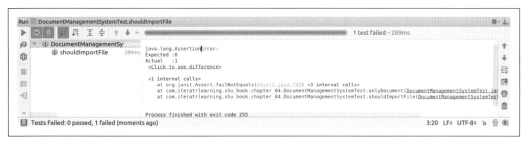

圖 4-2　assertEquals 範例失效的截圖

對於大小本身進行斷言最好的方法是利用匹配器（*matcher*）來斷言集合大小，因為這提供了最具描述性的診斷。範例 4-24 利用這種樣式撰寫了範例，並顯示了輸出。如圖 4-3 所示，無需撰寫任何程式碼，就可以更清楚地瞭解出了什麼問題。

範例 4-24　*assertThat* 範例

```
assertThat(documents, hasSize(0));
```

圖 4-3　assertThat 範例失效的截圖

這裡用了 JUnit 的 assertThat() 來進行測試，方法 assertThat() 的第一個參數是一個值，第二個參數是一個 Matcher。Matcher 封裝了一個值是否與某些屬性匹配的概念，以及它的相關診斷。匹配器 hasSize 是從一個 Matchers 公用程式類別靜態匯入的，這個類別包含許多不同的匹配器，並且會檢查集合內的元素個數是否等於它的參數。這些匹配器來自 Hamcrest 函式庫（*http://hamcrest.org/*），這是一個很常用的 Java 函式庫，可支援更乾淨的測試。

範例 4-20 顯示了如何建構更好的診斷方法的例子。在此，assertEquals 將為我們提供屬性的期望值和實際值的診斷。它不會告訴我們屬性的名稱，因此被添加到訊息字串中以幫助我們瞭解失效。

測試錯誤案例

在撰寫軟體時，最糟糕、最常見的錯誤之一就是只測試應用程式的美好、鼎盛、樂觀的路徑，也就是在陽光普照、不會出錯的情況下執行的程式碼路徑。在實務上，很多事情都可能出錯！如果你不測試應用程式在這些情況下的表現，你將無法獲得能在正式環境中可靠運作的軟體。

在將文件匯入文件管理系統時，可能會出現一些錯誤。我們可以嘗試匯入一個不存在或無法讀取的檔案，或者我們也可以嘗試匯入一個不知道如何提取或讀取其內容的檔案。

我們的 DocumentManagementSystemTest 可用來測試上述這兩種情況，如範例 4-25 所示。在這兩種情況下，我們都嘗試匯入會將問題暴露的路徑檔。為了斷言所需的表現，我們利用 JUnit 的 @Test 注釋的 expected ＝屬性，這相當於你對 JUnit 說：「嘿，*JUnit* 聽著，我期望這個測試引發某種特定類型的例外。」

範例 4-25　錯誤情況的測試

```
@Test(expected = FileNotFoundException.class)
public void shouldNotImportMissingFile() throws Exception
{
    system.importFile("gobbledygook.txt");
}

@Test(expected = UnknownFileTypeException.class)
public void shouldNotImportUnknownFile() throws Exception
{
    system.importFile(RESOURCES + "unknown.txt");
}
```

在出現錯誤時，你可能需要一種替代行為，而不只是單純地引發例外，但是知道如何斷言引發例外肯定很有幫助。

常數

常數是不會改變的值。讓我們面對現實吧！當涉及到程式設計時，它們是少數幾個名稱取得很恰當的概念之一。Java 程式設計語言不像 C++ 那樣必須明確使用關鍵字 const 來宣告常數，而是按照慣例，由開發人員建立 static field 欄位來表示常數。由於許多測試都包含應該如何使用某一部分電腦程式的例子，因此它們通常包含許多常數。

對於意義不是很明顯的常數，最好給它們指定一個可以在測試中使用的適當名稱，我們在 DocumentManagementSystemTest 全面地實作了這一點。事實上，在頂部還有一個專用於宣告常數的區塊，如範例 4-26 所示。

範例 4-26 常數

```java
public class DocumentManagementSystemTest
{
    private static final String RESOURCES =
        "src" + File.separator + "test" + File.separator + "resources" + File.
separator;
    private static final String LETTER = RESOURCES + "patient.letter";
    private static final String REPORT = RESOURCES + "patient.report";
    private static final String XRAY = RESOURCES + "xray.jpg";
    private static final String INVOICE = RESOURCES + "patient.invoice";
    private static final String JOE_BLOGGS = "Joe Bloggs";
}
```

重點整理

* 你學會了如何建立文件管理系統。

* 你認識到如何在不同實作方式的權衡之下，做出取捨。

* 你瞭解了驅動軟體設計的幾個原則。

* 我們向你介紹了里氏替換原則，作為思考繼承的一種方法。

* 你瞭解了繼承不適用的情況。

延伸練習

如果你想擴充和鞏固從本節所學到的知識，可以嘗試以下活動：

- 利用現有的範例程式碼增加一個用於匯入處方文件的實作。處方上應該有病人、藥物、數量、日期，並說明服用藥物的條件。你還應該撰寫一個測試來檢查處方匯入是否能正常運作。

- 嘗試實作「生命遊戲卡塔」（*https://oreil.ly/RrxJU*）。

完成挑戰

阿瓦吉醫生對你的文件管理系統非常滿意，她現在已經全面地使用它。由於你運用設計將她的需求轉成了應用程式行為和實作細節，這些功能有效地滿足了她的需求。下一章介紹 TDD 時，你將回到這個主題。

第五章

業務規則引擎

挑戰

你的生意現在經營得很好。事實上,你現在已經擴展到一個擁有數千名員工的組織。這意味著你已經為不同的業務職能雇用了很多人:市場行銷、銷售、營運、管理、會計等等。你會意識到,所有的業務功能都需要根據某些條件建立觸發動作的規則;例如,『如果潛在客戶的職位是「CEO」,就通知銷售團隊。』你可以要求你的技術團隊用訂做的軟體實作每個新的需求,但是你的開發人員正忙著開發其他產品。為了鼓勵業務團隊和技術團隊一起協作,你決定開發一個業務規則引擎,讓開發人員和業務團隊能一起撰寫程式碼。這會讓你提高生產力並減少實作新規則所需的時間,因為你的業務團隊將能夠直接做出貢獻。

目標

在本章中,你首先將學習如何利用測試驅動開發來解決新的設計問題,你會一覽關於模擬的技術,該技術將有助於指定單元測試。然後,你會學到兩個新穎的 Java 特色:區域變數型別推斷和 switch 表達式。最後,你將瞭解如何利用建構者模式和介面隔離原則開發出好用的 API。

如果在任何時候你想查看本章的原始程式碼，可以在本書程式碼儲存庫的 com.iteratrlearning.shu_book.chapter_05 套件中找到。

業務規則引擎需求

在開始之前，讓我們先想想你所要達成的目標是什麼。你希望非程式設計人員能在他們自己的工作流程中增加或修改業務邏輯。例如，當潛在客戶對你的產品之一進行詢價並且符合某些標準時，行銷主管可能希望給予特別折扣。如果費用太高，會計主管可能希望發出警報。這些是利用業務規則引擎所能實現的功能的例子，本質上這是執行一個或多個業務規則的軟體，這些規則通常以簡單的定製語言來宣告。業務規則引擎可以支援多種不同的元件：

事實

規則可以存取的可用資訊

行動

你要執行的操作

條件

指定何時應觸發行動

規則

指定要執行的業務邏輯，基本上是將事實、條件和行動組合在一起

業務規則引擎對於生產力的助益主要是，它可以在一個地方維護、執行和測試規則，而不必與主應用程式整合。

有許多可用於正式環境的 Java 業務規則引擎，例如 Drools（*https://www.drools.org*）。通常，這樣的引擎符合決策模型和表示法（*Decision Model and Notation*，DMN）等標準，並附帶一個集中式規則儲存庫、一個使用圖形使用者介面（*Graphical User Interface*，GUI）的編輯器，以及有助於維護複雜規則的視覺化工具。在本章中，你將為業務規則引擎開發一個最小的可行產品，並對其進行數回合的功能和可存取性的改進。

測試驅動開發

你該從哪裡開始？這些需求並不是一成不變的，而且還會不斷進化，所以你可以從先從簡單的列出你的使用者需要執行的基本功能開始：

- 增加一個動作

- 執行一個動作

- 基本報告

這轉化為範例 5-1 所示的基本 API。每個方法都會引發一個 UnsupportedOperation Exception，表示它還沒有被實作。

範例 5-1　基本業務規則引擎 API

```java
public class BusinessRuleEngine {

    public void addAction(final Action action) {
        throw new UnsupportedOperationException();
    }

    public int count() {
        throw new UnsupportedOperationException();
    }

    public void run() {
        throw new UnsupportedOperationException();
    }
}
```

所謂的動作只是一段將要執行的程式碼，我們大可使用 Runnable 介面，不過引進單獨的 Action 介面更能代表當前的領域。Action 介面將允許業務規則引擎與具體的功能解耦。由於 Action 介面只宣告一個抽象方法，我們可以將其詮釋為一個功能介面，如範例 5-2 所示。

範例 5-2　功能介面

```java
@FunctionalInterface
public interface Action {
    void execute();
}
```

我們將何去何從？現在是真正寫點程式碼的時候了，該怎麼實作？你將使用一種稱為**測試驅動開發**（*test-driven development*，TDD）的方法。TDD 的哲學是開始撰寫一些測試，這些測試可以指引你完成程式碼的實作。換句話說，在實際實作之前先撰寫測試。這有點跟你到目前為止所做的事情剛好相反：你為一個需求先撰寫完整的程式碼，然後再測試它。你現在將把更多的注意力放在測試上面。

為什麼要使用 TDD ？

為什麼你應該要採用這種方法？這裡列出了幾個好處：

- 一次寫一個測試將有助於你集中精力，每一次只正確地實作一件事來讓需求更為完備。

- 這是確保程式碼組織具有相關性的一種方法。例如，透過先撰寫測試，你需要仔細考慮程式碼的公開介面。

- 你在反覆推敲需求的同時，也建構了一個完整的測試套件，這增加了你對於能否滿足需求的信心，也縮小了程式錯誤的範圍。

- 你不會去寫你不需要的程式碼（過度設計），因為你只需撰寫能通過測試的程式碼。

TDD 循環

TDD 方法大致由以下幾個步驟的循環所組成，如圖 5-1 所示：

1. 撰寫一個會造成失效的測試

2. 執行所有測試

3. 讓實作能正常運作

4. 執行所有測試

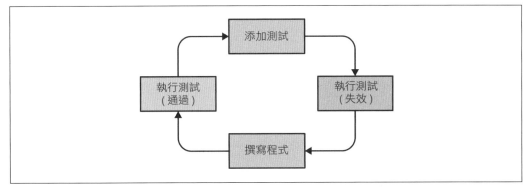

圖 5-1　TDD 循環

實務上，在此過程中你必須不斷重構你的程式碼，否則它終將變得難以維護。此時，你知道你有一套在進行修改時可以依賴的測試，圖 5-2 說明了這個加強版的 TDD 流程。

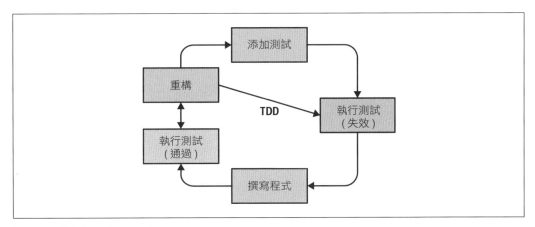

圖 5-2　具有重構步驟的 TDD

本著 TDD 的精神，讓我們從撰寫第一個測試開始，以驗證 addActions 和 count 的表現是否正確，如範例 5-3 所示。

範例 5-3　業務規則引擎的基本測試

```
@Test
void shouldHaveNoRulesInitially() {
    final BusinessRuleEngine businessRuleEngine = new BusinessRuleEngine();

    assertEquals(0, businessRuleEngine.count());
```

```
    }

    @Test
    void shouldAddTwoActions() {
        final BusinessRuleEngine businessRuleEngine = new BusinessRuleEngine();

        businessRuleEngine.addAction(() -> {});
        businessRuleEngine.addAction(() -> {});

        assertEquals(2, businessRuleEngine.count());
    }
```

當執行這些測試時，你會看到它們因失效而引發 UnsupportedOperationException 例外，
如圖 5-3 所示。

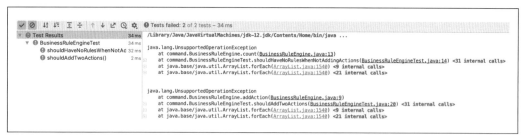

圖 5-3　失效測試

所有測試都失效了，不過沒關係，它為我們提供了一個可重現的測試套件來引導程式碼
的實作。現在可以添加一些實作的程式碼，如範例 5-4 所示。

範例 5-4　業務規則引擎的基本實作

```
public class BusinessRuleEngine {

    private final List<Action> actions;

    public BusinessRuleEngine() {
        this.actions = new ArrayList<>();
    }

    public void addAction(final Action action) {
        this.actions.add(action);
    }

    public int count() {
        return this.actions.size();
```

```
    }

    public void run(){
        throw new UnsupportedOperationException();
    }
}
```

你現在可以重新執行測試，它們竟然通過了！然而，這裡缺少了一項關鍵的操作：我們如何為 run 這個方法撰寫測試？遺憾的是，run() 沒有傳回任何結果，我們需要一種稱為模擬執行（*mocking*）的新技術來驗證 run() 方法是否正確運行。

模擬執行

模擬執行是一種技術，它允許你驗證在 run() 這個方法執行時，添加到業務規則引擎的每個功能實際上都被執行了。目前很難這樣做，因為 BusinessRuleEngine 中的 run() 方法和 Action 中的 perform() 都傳回了 void，我們沒有辦法寫斷言！第 6 章將詳細介紹模擬執行，但是現在你可以先對其概觀有所瞭解，以便繼續撰寫測試。你將使用一個很受歡迎的 Java 模擬執行函式庫 Mockito，至少你可以做兩件很簡單的事：

1. 建立一個模擬執行物件。

2. 驗證是否呼叫了某個方法。

那麼要如何開始呢？首先你要匯入函式庫：

```
import static org.mockito.Mockito.*;
```

該匯入讓你得以使用方法 mock() 和 verify()。靜態方法 mock() 允許你建立一個模擬執行物件，然後可以驗證該物件的某些行為是否發生。方法 verify() 允許你設定調用特定方法的斷言，如範例 5-5 所示。

範例 5-5　模擬執行和驗證與 *Action* 物件的互動

```
@Test
void shouldExecuteOneAction() {
        final BusinessRuleEngine businessRuleEngine = new BusinessRuleEngine();
        final Action mockAction = mock(Action.class);

        businessRuleEngine.addAction(mockAction);
        businessRuleEngine.run();

        verify(mockAction).perform();
}
```

這個單元測試為 Action 建立一個模擬執行的物件，這是透過將類別作為引數傳遞給 mock() 方法來實作的。接下來，你在測試的 *when* 部分調用一些行為，本例是將模擬執行的這個功能加到業務規則引擎中，並執行 run() 這個方法。最後，你在單元測試的 *then* 部分設定斷言。在本例中，我們驗證 Action 物件上的 perform() 方法是否被調用。

如果你執行此測試，它將像預期的那樣失敗並引發 UnsupportedOperationException 例外。如果 run() 的主體是空的會怎樣？你將收到一個新的例外追蹤記錄：

```
Wanted but not invoked:
action.perform();
-> at BusinessRuleEngineTest.shouldExecuteOneAction(BusinessRuleEngineTest.java:
35)
Actually, there were zero interactions with this mock.
```

這個錯誤來自於 Mockito，並且告訴你 perform() 方法從未被調用過。現在該是為 run() 方法撰寫正確實作的時候了，如範例 5-6 所示。

範例 5-6　*run( ) 方法的實作*

```java
public void run() {
    this.actions.forEach(Action::perform);
}
```

重新執行測試，你現在將看到該測試會通過。Mockito 能驗證在執行業務規則引擎時，是否應該調用 Action 物件上的 perform() 方法。Mockito 允許你指定複雜的驗證邏輯，例如一個方法應該使用特定參數調用幾次等，你將在第 6 章中瞭解更多相關議題。

增加條件

你必須承認，到目前為止，業務規則引擎相當有限，你只能宣告簡單的功能。然而實務上，業務規則引擎的使用者還需要根據某些條件來執行動作，這些條件將取決於一些事實。例如，只有當潛在客戶的職位是 CEO 時，才通知銷售團隊。

狀態建模

你可以從撰寫程式碼開始，使用匿名類別（如範例 5-7 所示）或使用 lambda 表達式（如範例 5-8 所示）添加功能並參照到區域變數。

範例 5-7 使用匿名類別添加功能

```
// 會從表單建立這個物件
final Customer customer = new Customer("Mark", "CEO");

businessRuleEngine.addAction(new Action() {

    @Override
    public void perform() {
        if ("CEO".equals(customer.getJobTitle())) {
            Mailer.sendEmail("sales@company.com", "Relevant customer: " + customer);
        }
    }
});
```

範例 5-8　使用 lambda 表達式添加功能

```
// 會從表單建立這個物件
final Customer customer = new Customer("Mark", "CEO");

businessRuleEngine.addAction(() -> {
    if ("CEO".equals(customer.getJobTitle())) {
        Mailer.sendEmail("sales@company.com", "Relevant customer: " + customer);
    }
});
```

然而，這種方式並不是很方便，理由如下：

1. 如何測試功能？該功能並非獨立的，而是與客戶物件具有硬編碼的依賴關係。

2. 客戶物件沒有以功能分組，而是一種共用的外界狀態，導致職責混淆。

那麼我們需要什麼？我們需要封裝業務規則引擎中可用功能的狀態。讓我們透過引進一個新的 Facts 類別來對這些需求進行建模，該類別將表示視為業務規則引擎一部分的可用狀態，以及一個可在 Facts 上操作的更新後的 Action 介面。更新後的單元測試如範例 5-9 所示，單元測試檢查當業務規則引擎執行時，指定的操作是否被實際調用，並且以 Facts 物件作為參數來傳遞。

範例 5-9　用 facts 物件測試功能

```
@Test
public void shouldPerformAnActionWithFacts() {
    final Action mockAction = mock(Action.class);
    final Facts mockFacts = mock(Facts.class);
    final BusinessRuleEngine businessRuleEngine = new BusinessRuleEngine(mocked Facts);
```

```
    businessRuleEngine.addAction(mockAction);
    businessRuleEngine.run();

    verify(mockAction).perform(mockFacts);
}
```

按照 TDD 的原理，這個測試一開始會失效。你總是需要先執行測試以確保它們會失效，否則你寫的程式可能會不小心通過測試。要讓測試通過，你將需要更新 API 和實作程式碼。首先，你將引進 Facts 類別，它讓你能儲存以鍵和值表示的事實。引進單獨的 Facts 類別來為狀態建模的好處是，你可以透過提供公開 API 來控制使用者可用的操作，還可以對類別的行為進行單元測試。目前 Facts 類別只支援 String 型別的鍵和值。Facts 類別的程式碼如範例 5-10 所示。我們選擇了名稱 getFact 和 addFact，而不是 getValue 和 setValue，因為這樣可以把目前的領域（事實）表達得更為貼切。

範例 5-10　*Facts 類別*

```
public class Facts {

    private final Map<String, String> facts = new HashMap<>();

    public String getFact(final String name) {
        return this.facts.get(name);
    }

    public void addFact(final String name, final String value) {
        this.facts.put(name, value);
    }
}
```

你現在需要重構 Action 介面，以便 perform() 方法可以把 Facts 物件當作參數來傳遞。這樣就可以清楚地看到，事實可以在單一 Action 的上下文中被使用（範例 5-11）。

範例 5-11　*接收事實的動作介面*

```
@FunctionalInterface
public interface Action {
    void perform(Facts facts);
}
```

最後，你現在可以更新 BusinessRuleEngine 類別以利用事實和更新後的 Action 中的 perform() 方法，如範例 5-12 所示。

```java
public class BusinessRuleEngine {

    private final List<Action> actions;
    private final Facts facts;

    public BusinessRuleEngine(final Facts facts) {
        this.facts = facts;
        this.actions = new ArrayList<>();
    }

    public void addAction(final Action action) {
        this.actions.add(action);
    }

    public int count() {
        return this.actions.size();
    }

    public void run() {
        this.actions.forEach(action -> action.perform(facts));
    }
}
```

既然可以在動作中使用 Facts 物件，你就能在程式碼中指定任意的邏輯來查找 Facts 物件，如範例 5-13 所示。

範例 5-13　用到事實的動作

```java
businessRuleEngine.addAction(facts -> {
    final String jobTitle = facts.getFact("jobTitle");
    if ("CEO".equals(jobTitle)) {
        final String name = facts.getFact("name");
        Mailer.sendEmail("sales@company.com", "Relevant customer: " + name);
    }
});
```

讓我們再看一些例子，這也是介紹 Java 兩個最新功能的好機會，我們將按照以下順序來探討：

- 區域變數型別推斷

- switch 表達式

區域變數型別推斷

Java 10 引進了變數局部型別推斷，型別推斷的概念是編譯器可以為你找出靜態型別，因此你不必用鍵盤輸入它們。在前面的範例 5-10 中，你已經看過了型別推斷的例子，你會寫成：

```
Map<String, String> facts= new HashMap<>();
```

而不是

```
Map<String, String> facts= new HashMap<String, String>();
```

這是 Java 7 中引進的鑽石運算符號（*diamond operator*）特性。基本上，當表達式的上下文可決定出泛型的型別參數時（本例為 String, String），該參數可以省略不寫。在前面的程式碼中，賦值等號的左邊指出 Map 的鍵和值應為 String。

從 Java 10 開始，型別推斷已經擴展為可用於區域變數。例如，範例 5-14 可以用 var 關鍵字和區域變數型別推斷重寫為範例 5-15。

範例 5-14　明確宣告區域變數的型別

```
Facts env = new Facts();
BusinessRuleEngine businessRuleEngine = new BusinessRuleEngine(env);
```

範例 5-15　區域變數型別推斷

```
var env = new Facts();
var businessRuleEngine = new BusinessRuleEngine(env);
```

範例 5-15 的程式碼透過 var 關鍵字，讓變數 env 仍然具有靜態型別 Facts，而變數 businessRuleEngine 也仍然具有靜態型別 BusinessRuleEngine。

使用 var 關鍵字宣告的變數不可為 final 常數。例如，此程式碼：

```
final Facts env = new Facts();
```

不完全等同於：

```
var env = new Facts();
```

在用 var 宣告變數 env 之後，你仍然可以指派另一個值給它。如下所示，你必須在變數 env 的前面明確地加上 final 關鍵字，才能讓它成為常數：

```
final var env = new Facts()
```

在接下來的章節中，為了簡潔起見，我們只使用 var 關鍵字而不使用 final。當需要明確宣告變數的類型時，我們才使用 final 關鍵字。

型別推斷有助於減少撰寫 Java 程式碼所需的時間。但是，你是否應該一直使用這個功能？值得記住的是，開發人員花在閱讀程式碼上的時間要多於撰寫程式碼的時間。換句話說，你應該考慮針對容易閱讀來最佳化，而不是針對撰寫的便利性。var 在多大程度上改善了這一點始終是主觀的，你應該總是把注意力放在幫助你的隊友閱讀你的程式碼，所以如果他們喜歡閱讀帶有 var 的程式碼，那麼你就應該使用它，否則就不要使用它。例如，這裡我們可以重構範例 5-13 的程式碼，使用區域變數型別推斷來整理程式碼，如範例 5-16 所示。

範例 5-16　利用事實和區域變數型別推斷的動作

```
businessRuleEngine.addAction(facts -> {
    var jobTitle = facts.getFact("jobTitle");
    if ("CEO".equals(jobTitle)) {
        var name = facts.getFact("name");
        Mailer.sendEmail("sales@company.com", "Relevant customer: " + name);
    }
});
```

switch 表達式

到目前為止，你只設定了要處理剛好一個條件的動作，這是相當有限的。例如，你和你的銷售團隊一起工作，他們可能會在客戶關係管理（*Customer Relationship Management*，CRM）系統上記錄不同金額、不同階段的交易，交易階段可以表示為枚舉 Stage，其值包括 LEAD、INTERESTED、EVALUATING、CLOSED，如範例 5-17 所示。

範例 5-17　代表不同交易階段的枚舉

```
public enum Stage {
    LEAD, INTERESTED, EVALUATING, CLOSED
}
```

根據交易的階段，你可以指定一個規則，讓你有機會贏得交易，並可進而幫助銷售團隊生成預測。假設對於一個特定的團隊，在 LEAD 階段有 20% 的機率會真的成交，那麼在 LEAD 階段金額為 1000 美元時，預估的成交金額為 200 美元。讓我們建立一個動作來為這些規則建模，並傳回一個特定交易的預測金額，如範例 5-18 所示。

範例 5-18　計算特定交易預測金額的規則

```
businessRuleEngine.addAction(facts -> {
    var forecastedAmount = 0.0;
    var dealStage = Stage.valueOf(facts.getFact("stage"));
```

```
        var amount = Double.parseDouble(facts.getFact("amount"));
        if(dealStage == Stage.LEAD){
            forecastedAmount = amount * 0.2;
        } else if (dealStage == Stage.EVALUATING) {
            forecastedAmount = amount * 0.5;
        } else if(dealStage == Stage.INTERESTED) {
            forecastedAmount = amount * 0.8;
        } else if(dealStage == Stage.CLOSED) {
            forecastedAmount = amount;
        }
        facts.addFact("forecastedAmount", String.valueOf(forecastedAmount));
    });
```

範例 5-18 中的程式碼實際上是為每個可用的枚舉值提供了一個預測的金額，這種情況最好是用 switch 敘述這個語言結構，因為它更為簡潔，如範例 5-19 所示。

範例 5-19　使用 *switch* 敘述計算特定交易預測金額的規則

```
switch (dealStage) {
    case LEAD:
        forecastedAmount = amount * 0.2;
        break;
    case EVALUATING:
        forecastedAmount = amount * 0.5;
        break;
    case INTERESTED:
        forecastedAmount = amount * 0.8;
        break;
    case CLOSED:
        forecastedAmount = amount;
        break;
}
```

請注意範例 5-19 程式碼中所有的 break 敘述，break 敘述確保了 switch 敘述中的下一個區塊不會被執行。如果你不小心忘記寫 break，那麼程式碼仍然可以編譯，而你會得到所謂的一路執行到底（*fall-through*）的行為。換句話說，下一個區塊會被執行，並且可能會導致一些很難察覺的錯誤。從 Java 12（使用語言特性預覽模式）以後，你可以透過使用不同的 switch 語法來重寫上述程式碼，以避免一路執行到底的行為和寫很多次中斷。switch 現在可以寫成運算式，如範例 5-20 所示。

範例 5-20　不會一路執行到底的 *switch* 敘述

```
var forecastedAmount = amount * switch (dealStage) {
    case LEAD -> 0.2;
```

```
        case EVALUATING -> 0.5;
        case INTERESTED -> 0.8;
        case CLOSED -> 1;
    }
```

除了增加可讀性之外，這種增強型的 switch 形式的另一個好處是具有窮舉性
（*exhaustiveness*）。這表示當你將 switch 和枚舉一起使用時，Java 編譯器會檢查所有枚
舉值是否有對應的 switch 標籤。例如，如果你忘記處理 CLOSED 的情況，Java 編譯器會
產生以下錯誤：

```
error: the switch expression does not cover all possible input values.
```

你可以用 switch 表達式來重寫整個動作，如範例 5-21 所示。

範例 *5-21*　計算特定交易預測金額的規則

```
businessRuleEngine.addAction(facts -> {
    var dealStage = Stage.valueOf(facts.getFact("stage"));
    var amount = Double.parseDouble(facts.getFact("amount"));
    var forecastedAmount = amount * switch (dealStage) {
        case LEAD -> 0.2;
        case EVALUATING -> 0.5;
        case INTERESTED -> 0.8;
        case CLOSED -> 1;
    }
    facts.addFact("forecastedAmount", String.valueOf(forecastedAmount));
});
```

介面隔離原則

現在，我們想開發一個檢查器工具（*inspector tool*），讓業務規則引擎的使用者能夠
檢查可能的動作和條件的狀態。例如，我們希望評估每個動作及其相關條件，以便在
不用真的執行該動作的情況下記錄它們。我們該怎麼做？目前 Action 介面是不夠的，
因為它沒有將執行的程式碼與觸發該程式碼的條件分離開來，目前也無法從 Action 程
式碼中分離出條件。為了彌補這一點，我們可以引進一個增強的 Action 介面，該介面
具有用來評估條件的內建功能。例如，我們可以建立包含 evaluate() 這個新方法的
ConditionalAction 介面，如範例 5-22 所示。

範例 *5-22*　*ConditionalAction* 介面

```
public interface ConditionalAction {
    boolean evaluate(Facts facts);
```

```
        void perform(Facts facts);
    }
```

我們現在可以實作一個基本的檢查器類別，它接收一個 ConditionalAction 物件清單並基於一些事實對它們進行評估，如範例 5-23 所示。Inspector 傳回一個報告清單，這些報告囊括了事實、條件動作和結果。Report 類別的實作如範例 5-24 所示。

範例 5-23　條件的檢查器

```java
public class Inspector {

    private final List<ConditionalAction> conditionalActionList;

    public Inspector(final ConditionalAction...conditionalActions) {
        this.conditionalActionList = Arrays.asList(conditionalActions);
    }

    public List<Report> inspect(final Facts facts) {
        final List<Report> reportList = new ArrayList<>();
        for (ConditionalAction conditionalAction : conditionalActionList) {
            final boolean conditionResult = conditionalAction.evaluate(facts);
            reportList.add(new Report(facts, conditionalAction, conditionResult));
        }
        return reportList;
    }
}
```

範例 5-24　Report 類別

```java
public class Report {

    private final ConditionalAction conditionalAction;
    private final Facts facts;
    private final boolean isPositive;

    public Report(final Facts facts,
                    final ConditionalAction conditionalAction,
                    final boolean isPositive) {
        this.facts = facts;
        this.conditionalAction = conditionalAction;
        this.isPositive = isPositive;
    }

    public ConditionalAction getConditionalAction() {
        return conditionalAction;
    }
}
```

```java
        public Facts getFacts() {
            return facts;
        }

        public boolean isPositive() {
            return isPositive;
        }

        @Override
        public String toString() {
            return "Report{" +
                    "conditionalAction=" + conditionalAction +
                    ", facts=" + facts +
                    ", result=" + isPositive +
                    '}';
        }
    }
```

我們該如何測試 Inspector 呢？你可以從撰寫一個簡單的單元測試開始，如範例 5-25 所示。這個測試強調了我們當前設計的一個基本問題。事實上，ConditionalAction 介面違反了介面隔離原則（*Interface Segregation Principle*，ISP）。

範例 5-25　突顯違反 ISP

```java
public class InspectorTest {

    @Test
    public void inspectOneConditionEvaluatesTrue() {

        final Facts facts = new Facts();
        facts.setFact("jobTitle", "CEO");
        final ConditionalAction conditionalAction = new JobTitleCondition();
        final Inspector inspector = new Inspector(conditionalAction);

        final List<Report> reportList = inspector.inspect(facts);

        assertEquals(1, reportList.size());
        assertEquals(true, reportList.get(0).isPositive());
    }

    private static class JobTitleCondition implements ConditionalAction {

        @Override
        public void perform(Facts facts) {
            throw new UnsupportedOperationException();
        }
```

```
        @Override
        public boolean evaluate(Facts facts) {
            return "CEO".equals(facts.getFact("jobTitle"));
        }
    }
}
```

什麼是介面隔離原則？你可能會注意到，`perform` 方法的實作是空的。事實上，它會引發一個 `UnsupportedOperationException`。在這種情況下，你被耦合到一個介面（`ConditionalAction`），該介面提供了比你所需要的更多的功能。在本例中，我們只需要一種對條件建模的方法：計算結果為真或假的條件。儘管如此，我們不得不依賴於 `perform()` 方法，因為它是介面的一部分。

這個基本概念是介面分離原則的基礎，它令任何類別都不應該被迫依賴於它不使用的方法，因為這會導致不必要的耦合。在第 2 章中，你學到了另一個能提高內聚性的原則：單一職掌原則（*Single Responsibility Principle*，SRP）。SRP 是一般性的設計準則，一個類別只對單一功能負責，並且只有一個原因可以改變它。雖然 ISP 可能聽起來是相同的概念，但它採取了不同的觀點。ISP 著重的是使用者的介面，而不是它的設計。換句話說，如果一個介面非常大，那麼該介面的使用者可能會看到一些它不關心的行為，從而導致不必要的耦合。

為了提供一個滿足介面隔離原則的解決方案，我們鼓勵在可以單獨演化的較小介面中將概念分離。這個想法本質上促進了更高的凝聚力。分離介面還提供了引進更接近當前領域名稱的機會，例如 Condition 和 Action，我們將在下一節中探討。

設計一個連貫的 API

到目前為止，我們已經為使用者提供了添加具有複雜條件的動作的方法，這些條件是以增強的 switch 敘述所建立的。但是，對於業務面的使用者來說，這個語法並不像指定簡單條件那樣友善。我們希望讓他們能以一種符合他們的領域且更容易指定的方式來添加規則（條件和動作）。在本節中，你將瞭解建構器（Builder）樣式以及如何自行開發連貫的 API（Fluent API）來解決這個問題。

什麼是連貫的 API？

連貫 API 是專為特定領域定做的 API，這樣你就可以更直覺地解決特定問題，並且它還包含了連結方法呼叫以指定更複雜操作的概念。這裡有幾個你可能已經熟悉的連貫 API：

- Java 串流（Streams）API（*https://oreil.ly/549wN*）允許你以一種讀起來更像你需要解決的問題的方式來指定資料處理查詢。

- Spring 整合（*https://oreil.ly/rMIMD*）提供了一個 Java API，使用與企業領域相近的詞彙表來指定企業整合樣式。

- jOOQ（*https://www.jooq.org/*）提供了一個使用直覺的 API 來跟不同資料庫交談的函式庫。

領域建模

那麼，我們想為業務面的使用者提供什麼呢？我們想要幫助他們指定一個「當某個條件成立時」、「則做某件事」的簡單規則。這個領域有三個概念：

條件

適用於某些事實的一種條件，可評估為真或假。

動作

要執行的一組特定操作或程式碼。

規則

這是一個條件和一個動作的結合，該動作僅在條件為真時才會執行。

現在我們已經定義了領域中的概念，就可以將其轉換成 Java！讓我們先定義 Condition 介面並重用現有的 Action 介面，如範例 5-26 所示。請注意，自 Java 8 開始，我們還可以使用 java.util.function.Predicate 介面，但是 Condition 這個名稱更能夠把我們的領域表達得更好。

 名稱在程式設計中非常重要，因為好的名稱可以幫助你理解程式碼要解決的問題。在許多情況下，名稱比介面的「形狀」（就其參數和傳回型別而言）更重要，因為名稱將上下文資訊傳達給讀取程式碼的人。

範例 5-26　條件介面

```
@FunctionalInterface
public interface Condition {
    boolean evaluate(Facts facts);
}
```

現在剩下的問題是如何為規則的概念建模？我們可以用一個 perform() 操作定義一個 Rule 介面，這將允許你提供規則的不同實作。一個適合實作這個介面的預設作法是定義一個 DefaultRule 類別，它將包含一個 Condition 和 Action 物件以及執行規則的適當邏輯，如範例 5-27 所示。

範例 5-27　為規則的概念建模

```java
@FunctionalInterface
interface Rule {
    void perform(Facts facts);
}

public class DefaultRule implements Rule {

    private final Condition condition;
    private final Action action;

    public Rule(final Condition condition, final Action action) {
        this.condition = condition;
        this.action = action;
    }

    public void perform(final Facts facts) {
        if(condition.evaluate(facts)){
            action.execute(facts);
        }
    }
}
```

我們要如何用這些不同的元素建立新的規則？你可以在範例 5-28 中看到一個例子。

範例 5-28　建立一個規則

```java
final Condition condition = (Facts facts) -> "CEO".equals(facts.getFact("jobTitle"));
final Action action = (Facts facts) -> {
    var name = facts.getFact("name");
    Mailer.sendEmail("sales@company.com", "Relevant customer!!!: " + name);
};

final Rule rule = new DefaultRule(condition, action);
```

建構者樣式

然而，即使程式碼使用的名稱接近我們的領域（Condition, Action, Rule），這些程式碼也需要手動來撰寫。使用者必須產生實體的單獨物件並將其組裝在一起。讓我們引進所謂的**建構者樣式**（*Builder pattern*），用適當的條件和動作來改善建立 Rule 物件的過程。這個樣式的目的是希望能夠以更簡單的方式建立物件。建構者樣式本質上是對建構子的參數進行解構，而不是為每個參數提供方法。這種做法的好處是，讓你能夠用適合當前領域的名稱來宣告方法。例如，在我們的範例中，我們想用 when 和 then 這兩個字。範例 5-29 中的程式碼展示了如何設定建構者樣式來建立一個 DefaultRule 物件。我們引進了一個 when() 方法來提供條件。when() 會傳回 this（即目前的實例），這可以讓我們把其他更多的方法鏈結起來。我們還引進了一個 then() 方法以提供動作，then() 方法也是傳回 this，這同樣可以讓我們進一步鏈結更多的方法。最後，createRule() 負責建立 DefaultRule 物件。

範例 5-29　規則的建構者樣式

```
public class RuleBuilder {
    private Condition condition;
    private Action action;

    public RuleBuilder when(final Condition condition) {
        this.condition = condition;
        return this;
    }

    public RuleBuilder then(final Action action) {
        this.action = action;
        return this;
    }

    public Rule createRule() {
        return new DefaultRule(condition, action);
    }
}
```

使用這個新的類別，你可以建立 RuleBuilder，並且用 when()、then() 和 createRule() 方法來設定 Rule，如範例 5-30 所示。這種鏈結方法的概念是設計一個流暢 API 的關鍵層面。

```
Rule rule = new RuleBuilder()
        .when(facts -> "CEO".equals(facts.getFact("jobTitle")))
        .then(facts -> {
            var name = facts.getFact("name");
            Mailer.sendEmail("sales@company.com", "Relevant customer: " + name);
        })
        .createRule();
```

這段程式碼看起來更像一個查詢,它利用了現有的領域:將規則、when() 和 then() 當作內建構件。但這並不是完全令人滿意的,因為你的 API 使用者仍將不得不遇到兩種笨拙的構件:

- 實例化一個「空的」RuleBuilder

- 呼叫 createRule() 方法

我們可以透過提出一個稍微改進過的 API 來改善這一點,有三種可能的改進方式:

- 我們將把建構子設為私有,這樣它就不會被使用者顯式地調用。這意味著我們需要為 API 提供一個不同的切入點。

- 我們可以讓 when() 成為靜態的,以便直接調用它,這樣實質上就可以略過對舊的建構子的調用。此外,靜態條件方法提高了用於設定 Rule 物件正確方法的可發現性。

- then() 方法將負責最終 DefaultRule 物件的建立。

範例 5-31 顯示了改進過的 RuleBuilder。

範例 5-31   改進過的 RuleBuilder

```
public class RuleBuilder {
    private final Condition condition;

    private RuleBuilder(final Condition condition) {
        this.condition = condition;
    }

    public static RuleBuilder when(final Condition condition) {
        return new RuleBuilder(condition);
    }
```

```
    public Rule then(final Action action) {
        return new DefaultRule(condition, action);
    }
}
```

現在，你只需簡單地從 RuleBuilder.when() 方法開始，然後再由 then() 方法建立規則，如範例 5-32 所示。

範例 5-32　使用改進過的 *RuleBuilder*

```
final Rule ruleSendEmailToSalesWhenCEO = RuleBuilder
        .when(facts -> "CEO".equals(facts.getFact("jobTitle")))
        .then(facts -> {
            var name = facts.getFact("name");
            Mailer.sendEmail("sales@company.com", "Relevant customer!!!: " + name);
        });
```

目前我們已經重構了 RuleBuilder，我們可以重構業務規則引擎來支援規則，而不僅僅是動作，如範例 5-33 所示。

範例 5-33　更新業務規則引擎

```
public class BusinessRuleEngine {

    private final List<Rule> rules;
    private final Facts facts;

    public BusinessRuleEngine(final Facts facts) {
        this.facts = facts;
        this.rules = new ArrayList<>();
    }

    public void addRule(final Rule rule) {
        this.rules.add(rule);
    }

    public void run() {
        this.rules.forEach(rule -> rule.perform(facts));
    }
}
```

重點整理

- 測試驅動的開發哲學從撰寫一些測試開始，這些測試可以讓你指引程式碼的實作。

- 模擬測試讓你得以撰寫斷言某些行為被觸發的單元測試。

- java 支援區域變數型別推斷和 switch 表達式。

- Builder 樣式有助於設計一個好用的 API，用來把複雜的物件實例化。

- 介面隔離原則透過減少對不必要方法的依賴來提高內聚性。這是透過將大型介面分解為較小的內聚介面來實現的，進而讓使用者只會看到他們需要的。

延伸練習

如果你想擴展和鞏固本章的知識，可以嘗試以下活動：

- 增強 Rule 和 RuleBuilder，以支援名稱和描述。

- 增強 Fact 類別，該 Fact 可以從 JSON 檔載入。

- 增強業務規則引擎，以支援具有多個條件的規則。

- 增強業務規則引擎，以支援不同優先順序的規則。

完成挑戰

你的業務正在蓬勃發展，並且你的公司已經將業務規則引擎當作工作流程的一部分！你現在正在尋找你的下一個想法，並希望將你的軟體開發技能應用到能夠幫助整個世界，而不僅僅是公司的新事物上。是時候進入下一章 Twootr 了！

第六章

Twootr

挑戰

Joe 是個興奮的年輕小伙子，他滿懷熱情地告訴我他創業的新想法，他的使命是幫助人們更好、更快地溝通。他喜歡寫部落格，但想知道如何讓人們更頻繁地寫少量的部落格，他稱之為微網誌。如果你把資訊的大小限制在 140 個字元以內，人們就會經常發佈少量的資訊，而不是一次發佈大量的資訊。

我們問 Joe，他是否覺得這個限制會鼓勵人們只發表看似簡潔有力的聲明，而實際上卻沒有任何意義，他說：「Yolo！」我們問 Joe 他打算怎麼賺錢，他說：「Yolo！」我們問 Joe，他打算把這個產品取什麼名字，他說：「Twootr！」我們認為這聽起來像是個很酷的創意，所以決定幫助他開發他的產品。

目標

你將在本章中瞭解到，如何將一個軟體應用程式組合在一起的概觀。本書前幾章有許多應用程式都是較小的範例：在命令列上執行的批次處理工作。Twootr 是一個伺服器端的 Java 應用程式，類似大多數 Java 開發人員所撰寫的應用程式。

在本章中，你將有機會學習一些不同的技能：

- 如何將一個整體的描述分解成數個不同架構的問題？

- 如何利用測試替身來隔離和測試程式碼庫中不同元件之間的交互作用？

- 如何從需求到應用領域的核心、由外而內思考？

在本章的幾個地方，我們不僅會討論軟體最後的設計，還會討論如何實現該設計。在一些地方，我們會展示某些特定的方法如何在專案開發過程中反覆演進，以反應不斷擴充的實作功能清單。這會讓你對軟體專案在現實中如何演化有一個概念，而不是簡單地呈現其思維過程理想化的最終設計摘要。

Twootr 需求

你在本書前面章節所看到的應用程式，都是處理資料和文件的業務線應用程式。另一方面，Twootr 則是直接面對使用者的應用程式。當我們和 Joe 談論他的系統需求時，很明顯他已經稍微改進了他的想法。使用者的每個微網誌將被稱為 *twoot*，使用者將擁有一個持續的 twoots 串流。為了瞭解其他使用者在聊些什麼，你可以關注這些使用者。

Joe 針對他的服務被使用的情境，經過一般腦力激盪之後得出了一些不同的使用案例。這是我們需要實現的功能，以幫助 Joe 達成他的目標，讓人們更好地溝通：

- 使用者以唯一的識別碼和密碼登錄到 Twootr。

- 每個使用者都有一組他們所關注的其他使用者。

- 使用者可以發送 twoot 訊息，任何登錄的關注者都可以立即看到該則 twoot。

- 當使用者登錄時，他們應該會看到自從上次登錄以來所有關注者的 twoot。

- 使用者應該能夠刪除 twoot，關注者將不會看到被刪除的 twoot。

- 使用者應該能夠透過手機或網站登錄。

說明我們如何實作一個適合 Joe 所需要的解決方案的第一步是，概述和畫出我們所面臨的總體設計選擇的輪廓。

設計概觀

如果在任何時候你想要查看本章的原始程式碼,請查看本書程式碼儲存庫中的 com.iteratrlearning.shu_book.chapter_06 套件。

如果你想看到專案實際執行的情況,應該從 IDE 執行 Twootr Server 類別,然後在瀏覽器的網址列中輸入 *http://localhost:8000*。

如果我們挑出最後一個需求並首先考慮它,那麼我們就會想到,跟本書中的許多其他系統相比,我們需要建構一個由許多電腦以某種方式一起進行溝通的系統。這是因為我們的使用者會可能在不同的電腦上執行軟體:比方說,一個使用者可能在家裡的桌機載入 Twootr 網站,而另一個使用者可能在手機上執行 Twootr。這些不同的使用者介面要如何相互溝通?

軟體發展人員試圖要解決這類問題最常見的方法是採用**客戶端 / 伺服器**(*client-server*)**模型**。在這種開發分散式應用程式的方法中,我們將電腦分成兩組,其中一組是要求使用某種服務的**客戶端**,而另一組是提供相關服務的**伺服器**。因此,在這個情況下,我們的客戶端可能是提供使用者介面的網站或手機應用程式,我們可以透過它與 Twootr 伺服器進行通訊。伺服器將處理大部分業務邏輯,並向不同的客戶端發送和接收 twoots,如圖 6-1 所示。

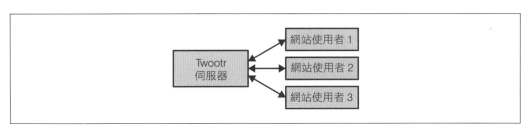

圖 6-1　客戶端 / 伺服器模型

從需求以及跟 Joe 的交談中可以清楚地看出,要讓這個系統正常運作的關鍵在於能夠立即看到你所關注的使用者的 twoot。這意味著,使用者介面必須能夠從伺服器接收和發送 twoot。總體而言,有兩種不同的溝通方式可以用來達成這個目標:基於牽引或基於推播。

基於牽引

在基於牽引的通訊方式中，客戶端向伺服器發出請求並向其查詢資訊。這種通訊方式通常稱為點對點通訊風格或請求／回應通訊風格。這是一種特別常見的通訊方式，大多數網頁都是採用這種方式。當你載入一個網站時，它會向某個伺服器發出 HTTP 請求，提取頁面的資料。當客戶端控制要載入什麼內容時，基於牽引的通訊樣式非常有用。例如，如果你正在瀏覽維基百科，你可以控制你接下來有興趣閱讀或者要查看哪些頁面，然後將內容回應發送回來給你，如圖 6-2 所示。

圖 6-2　牽引式通訊

基於推播

另一種方法是基於推播的通訊（*push-based communication*）方式。這可以稱為反應性或事件驅動的通訊方法。在這個模型中，事件串流由發佈者發出，而許多訂閱者則偵聽它們。所以並不是每次通訊都是一對一的，而是一對多的。對於不同元件需要根據各種事件的通訊樣式進行對話的系統來說，這是一個非常有用的模型。例如，如果你正在設計一個股票市場交易所，則不同的公司希望看到不斷更新的價格或跳動報價，而不是每次想要看到新的跳動報價時都必須發出新的請求，如圖 6-3 所示。

圖 6-3　推播通訊

就 Twootr 而言，事件驅動的通訊方式似乎最為適合，因為這個應用程式主要由持續的 twoot 串流所組成。這個模型中的事件就是 twoot 本身。我們仍然可以依照請求／回應通訊方式來設計應用程式。但是，如果我們採用這種方式，客戶端就必須定期輪詢伺服器，並請求說：「嘿，自從我上一次請求的之後，還有人 twoot 嗎？」在事件驅動的方式中，你只需訂閱感興趣的事件（關注另一個使用者）即可，伺服器會把你感興趣的 twoot 推播到客戶端。

事件驅動通訊方式的選擇，會影響此後其餘的應用程式設計。當我們撰寫應用程式主類別的程式碼時，將會實作事件的接收和發送，而如何接收和發送事件決定了程式碼中的樣式以及如何為程式碼撰寫測試。

從事件到設計

話雖如此，我們正在建構的是一個客戶端／伺服器應用程式，而本章討論的重點是在伺服器端的元件而不是客戶端的元件。在 160 頁的「使用者介面」中，你將看到如何為這個程式碼庫開發客戶端，在本書附帶的程式碼範例中實作了一個客戶端的範例。我們著重於伺服器端的元件有兩個原因：首先，這是一本關於如何用 Java 撰寫軟體的書，Java 在伺服器端被廣泛使用，但在使用者端卻沒有那麼普遍。其次，伺服器端是業務邏輯所在的地方，是應用程式的大腦，而使用者端只是一個非常簡單的程式碼庫，只要將 UI 綁定到發佈和訂閱事件即可。

通訊

確定了我們想要發送和接收事件之後，在設計中下一個常見的步驟是選擇某種技術，來將這些訊息發送到客戶端或從客戶端發送到伺服器。在這個領域有很多選擇，以下是一些我們可以選擇的途徑：

- WebSocket 是一種現代的輕量級通訊協議，可透過 TCP 串流提供事件的雙工（雙向）通訊。通常用於網頁瀏覽器和網頁伺服器之間的事件驅動通訊，最新版本的瀏覽器都有支援這個協議。

- 像亞馬遜簡單佇列服務（Amazon Simple Queue Service）這類的雲端訊息佇列，是廣播和接收事件時越來越受到歡迎的選擇。訊息佇列是透過發送可以由單一程序或一組程序接收的訊息來進行程序間通訊的一種方式。採用託管服務的好處是，你的公司不必花費精力來確保這些託管主機是否可靠。

- 有很多好的開源訊息傳輸或訊息佇列，例如 Aeron、ZeroMQ 和 AMPQ 等，儘管這些開源程式碼可能會將客戶端的選擇限制在必須具備與訊息佇列互動能力的客戶端，很多這些開源專案都避免了鎖定特定廠商。例如，如果你的客戶端是一個網頁瀏覽器，那麼就不合適這個選項。

儘管這些開源程式碼可能會將客戶端的選擇限制在必須具備與訊息佇列互動能力的客戶端，很多這些開源專案都避免了鎖定特定廠商。例如，如果你的客戶端是一個網頁瀏覽器，那麼就不合適這個選項。以上所列出的距離詳盡的清單還差很遠，不過你可以看出，不同的技術有不同的權衡和使用案例。對於你自己的程式，你可能選擇了其中一種技術，但是後來覺得這不是一個正確的選擇，想再選另一個。你也可能希望為客戶端不同類型的連接方式，選擇不同類型的通訊技術。無論如何，在專案開始時就做出這樣的決定並被迫永遠不能改變，並不是一個好的架構決策。在本章的後面，我們會看到如何將這個架構的選擇抽象化，來避免重大的架構決策錯誤。

你甚至有可能會想要結合不同的通訊方式；例如，透過對不同類型的客戶端使用不同的通訊方法，圖 6-4 以視覺化的方式顯示了伺服器使用 WebSockets 與網站通訊，並且使用 Android 推播通知來和你的 Android 行動 app 進行通訊。

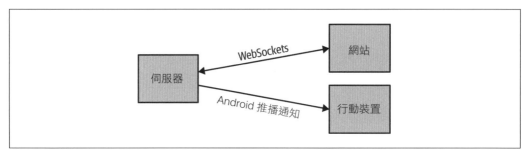

圖 6-4　不同的通訊方式

GUI

將 UI 通訊技術與核心伺服器端的業務邏輯耦合也有其他一些缺點：

- 測試困難而且速度很慢，每個測試都必須透過發佈和訂閱與主要伺服器並行執行的事件來測試系統。

- 違反了我們在第 2 章中談到的「單一職掌原則」。

- 它假設我們會有一個 UI 當作客戶端。起初，這對於 Twootr 來說可能是一個可靠的假設，但在美好的將來，我們可能希望有互動式人工智慧聊天機器人來協助解決使用者的問題，或者至少對貓咪 GIF 圖按讚！

由此得出的結論是，我們應該謹慎地引進某種抽象化的方式，來把 UI 的訊息傳遞部分從核心業務邏輯中分離出來。我們需要一個可以把訊息發送到客戶端的介面，以及一個可以從客戶端接收訊息的介面。

持續性

在應用程式的另一端也存在類似的問題，Twootr 的資料應該如何儲存？我們有很多選擇：

- 我們可以自行建立索引並搜尋的純文字檔，這樣很容易就能看到記錄了什麼，而且也可避免依賴於另一個應用程式。

- 傳統的 SQL 資料庫，它經歷了良好的測試和理解，並支援強大的查詢功能。

- NoSQL 資料庫，這裡有各種不同的資料庫，分別具有不同的使用案例、查詢語言和資料儲存模型。

在軟體專案剛開始的時候，我們真的不知道應該選擇哪一個，而且需求可能會隨著時間的推移而變化。我們真的希望把儲存後端跟應用程式的其餘部分離，而這些不同的議題之間有一個相似之處：它們都希望避免將自己與特定的技術掛鉤。

六角形架構

事實上，這裡有一個更通用的架構風格的名稱可以幫助我們解決這個問題，這個架構最早是由 Alister Cockburn 所提出的（*https://oreil.ly/wJO17*），稱為**通訊埠和轉接器**（*Ports and Adapters*）或**六角形**（*Hexagonal*）架構。圖 6-5 所要表達的想法是，應用程式的核心是你正在撰寫的業務邏輯，而你應該將不同實作的選擇與該核心邏輯分開。

每當你有一個特定於某種技術的問題需要與業務邏輯的核心解耦時，就要引進一個**通訊埠**。來自外部世界的事件透過通訊埠來傳進和傳出你的業務邏輯核心，而**轉接器**則是插在通訊埠上實作某種特定技術的程式碼。例如，我們可能有一個用於發佈和訂閱 UI 事件的通訊埠，以及一個專門用來與網頁瀏覽器通訊的 WebSocket 轉接器。

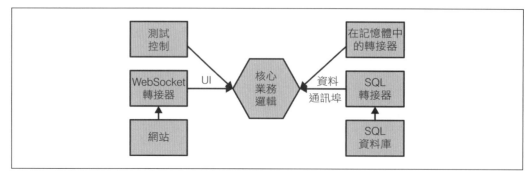

圖 6-5　六角形架構

系統中還有其他元件,你可能要為其建立抽象化的通訊埠和轉接器。與擴展 Twootr 實作相關的一件事是通知系統。告訴使用者有很多他們可能感興趣的 twoot 需要登錄和查看的是一個通訊埠,你可以用電子郵件或文字訊息的轉接器來實作這個功能。

我所想到的另一個通訊埠的例子是身分驗證服務,你可以先用一個僅儲存使用者名稱和密碼的轉接器,稍後再用 OAuth 後端來把它替換掉,或者將其綁定到其他系統。在本章所描述的 Twootr 實作中,並沒有將身分驗證抽象化,這是因為我們的需求和最初的腦力激盪還沒有給出一個很好的理由,來解釋為什麼我們可能需要不同的身分驗證轉接器。

你可能會想要知道如何區分哪些應該是通訊埠,哪些應該是核心領域的一部分。在極端情況下,你的應用程式中可能有數百甚至數千個通訊埠,而且幾乎所有內容都可以從核心領域中提取出來,而在另一種極端情況,你可能根本什麼都沒有。你的應用程式應該處於這個可滑動尺規的什麼位置取決於個人判斷和環境:並沒有固定的規則。

幫你做出決定的一個很好的原則可能是,將你正在解決的業務問題中任何關鍵問題都視為存在於應用程式的核心裡面,而將特定於某種技術或涉及到與外部世界溝通的任何事物都視為存在於核心應用程式之外。這就是我們在這個應用中所採取的原則。因此,業務邏輯是我們核心領域的一部分,持久保存以及跟事件驅動的 UI 溝通的責任則隱藏在通訊埠後面。

從哪裡著手?

在這個階段,我們可以越來越詳細地勾勒出整個設計的輪廓、設計更精細的圖表,並決定什麼功能應該放在什麼類別中。我們認為這是一種非常沒有效率的軟體撰寫方法,因為這往往會導致大量的假設和設計決策被塞到一個架構圖中的小盒子裡面,結果證明這些小盒子並不小。不考慮整體設計而直接寫程式也不太可能產生很好的軟體。軟體的開發需要剛好足夠的前期設計，以避免陷入混亂，但如果沒有撰寫足夠的程式碼把架構實作出來，那麼架構很快就會變得毫無價值和不切實際。

 在開始撰寫程式碼之前將所有設計工作提前完成的方法稱為預先大量設計模型（*Big Design Up Front*，簡稱 BDUF）。BDUF 經常與在過去 10-20 年間變得越來越流行的敏捷或疊代開發方法形成對比。因為我們發現疊代方法較有效率，因此在接下來的幾節中將以疊代的方式描述來設計過程。

在上一章中，你看到了對 TDD 測試驅動開發的介紹，所以現在你應該已經熟悉一個事實：用測試類別 TwootrTest 開始撰寫我們的專案是一個好主意。因此，讓我們從一個使用者可以登錄的測試開始：shouldBeAbleToAuthenticateUser()。在此測試中，使用者將登錄並正確地通過身分驗證。這個方法的框架如範例 6-1 所示。

範例 6-1   shouldBeAbleToAuthenticateUser() 的框架

```
@Test
public void shouldBeAbleToAuthenticateUser()
{
    // 收到有效使用者的登入訊息

    // logon 方法傳回新的端點

    // 斷言該端點為有效
}
```

為了實作測試，我們需要建立一個 Twootr 類別，並提供為登錄事件建模的方法。按照慣例，這個模組中任何與所發生的事件相對應的方法都是以 on 開頭。例如，我們想要在這裡建立一個 onLogon 方法。但是這個方法的特徵是什麼？它需要接受什麼參數？它應該回應什麼？

我們已經做出了把 UI 通訊層跟通訊埠分離的架構決策，所以在這裡我們要決定如何定義 API。我們需要一種向使用者發送事件的管道，例如使用者正在關注的另一個使用者已經發送了 Twoot。我們還需要一種從給定使用者接收事件的方法。在 Java 中，我們可以使用一個方法呼叫來表示事件。因此，每當 UI 轉接器希望將事件發佈到 Twootr 時，它將呼叫系統核心中某個物件上的方法。每當 Twootr 想要發佈一個事件時，它都會呼叫轉接器中某個物件上的方法。

但是通訊埠和轉接器的目標是將核心與特定轉接器的實作解耦，這意味著我們需要利用介面把不同的轉接器抽象化。在目前的時間點，我們可以選擇建立一個抽象類別，雖然這樣可以正常運作，但是使用介面會更加靈活，因為轉接器類別可以實作多個介面。此外，透過使用介面可以防止自己未來受到邪惡的誘惑而添加一些狀態到 API。在 API 中引進狀態是不好的，因為不同轉接器的實作可能需要以不同的方式代表他們的內部狀態，所以把狀態放入 API 可能會導致耦合。

我們不需要為發佈使用者事件的物件使用介面，因為在核心中只有一種實作的方式，我們只要用一般的類別即可。你可以在圖 6-6 中看到我們的方法以圖形表示的結果。當然，為了表示用於發送和接收事件的 API，我們需要一個名稱，或者實際上應該說是一對名稱。這裡有很多選擇；在實務上，任何能夠明確表示這些是用於發送和接收事件的 API的方式都適用。

對於將事件發送到核心的類別，我們使用了 SenderEndPoint；對於從核心接收事件的介面，我們使用了 ReceiverEndPoint。事實上，我們可以從使用者或轉接器的角度來翻轉指定的發送方和接收方，這種順序的好處是首先考慮核心，然後再考慮轉接器。

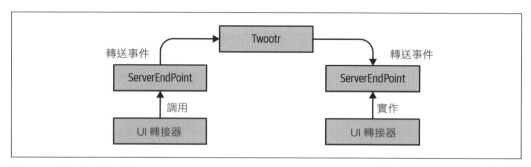

圖 6-6　從事件到程式碼

既然已經知道要走的途徑，我們就可以撰寫 shouldBeAbleToAuthenticateUser() 測試。這只需要在我們以有效的使用者名稱登錄系統時進行測試。此處所謂的登錄是什麼意思？我們希望傳回一個有效的 SenderEndPoint 物件，因為它是傳回到 UI 的物件，用於表示剛剛登錄的使用者。接下來，我們需要為 Twootr 類別添加一個方法以表示所發生的登錄事件，並讓測試得以順利編譯。我們實作的簽章如範例 6-2 所示。由於 TDD 鼓勵我們先做最少的實作工作，以便通過一個測試，然後再改進實作，所以我們只有實例化了 SenderEndPoint 物件，並把它從我們的方法傳回。

範例 6-2　第一版的 *onLogon* 方法簽章

```
SenderEndPoint onLogon(String userId, ReceiverEndPoint receiver);
```

現在我們有了一個不錯的開始，我們需要再撰寫另一個測試：shouldNotAuthenticat
eUnknownUser()。這將確保我們不會允許不認識的使用者登錄系統。在撰寫這個測試
時，出現了一個有趣的問題。在這裡該如何為失效的情境建模？我們不想在這裡傳回
SenderEndPoint，但我們需要一種方式來指出 UI 登錄失敗。有一種方法是使用例外，我
們在第 3 章中對此已經有所討論。

例外在這裡也可以正常執行，但有爭議的是，它有點濫用了這個概念。登錄失敗並不是
什麼特別的情況，這是一件經常發生的事情。人們常常會打錯他們的使用者名稱、打錯
密碼，有時甚至會因打錯網址而進入錯誤的網站！另一種常見的方法是，如果登錄成功，
則傳回 SenderEndPoint，如果登錄失敗，則傳回 null。這種方式會有問題，原因如下：

- 如果另一個開發人員使用該值而沒有檢查它是不是 null，他們會得到
  NullPointerException，這些類型的 bug 是 Java 開發人員很常犯的錯誤。

- 沒有編譯時期的支援來協助避免這類的問題，它們會在執行時突然出現。

- 從一個方法的簽名上，無法判斷它是故意傳回一個 null 給表示失效，或只是程式
  碼中的一個 bug。

在這裡，比較好的方法是使用在 Java 8 所引進的 Optional 資料型別，並為可能或不存在
的值進行建模。它是一個泛型型別，可以視為一個盒子，裡面可能有值，也可能沒有，
即一個裡面只有一個值或沒有值的集合。若以 Optional 當作傳回型別，則當方法無法
傳回其值的時候，可以明確傳回空的 Optional。我們將在本章中討論如何建立和使用
Optional 型別。因此，我們現在將 onlogon 方法加以重構，使其具有範例 6-3 中的簽章。

範例 6-3　第二版的 *onLogon* 方法簽章

```
Optional<SenderEndPoint> onLogon(String userId, ReceiverEndPoint receiver);
```

我們還需要修改 shouldBeAbleToAuthenticateUser() 測試，以確保它有檢查 Optional
值是否存在。我們的下一個測試是 shouldNotAuthenticateUserWithWrongPassword()，
如範例 6-4 所示。這個測試要確保正在登錄的使用者要輸入正確的密碼才能登錄，這意
味著 onLogon() 方法不僅需要在 Map 中儲存使用者名稱，還要儲存他們的密碼。

範例 6-4　*shouldNotAuthenticateUserWithWrongPassword*

```java
@Test
public void shouldNotAuthenticateUserWithWrongPassword()
{
    final Optional<SenderEndPoint> endPoint = twootr.onLogon(
        TestData.USER_ID, "bad password", receiverEndPoint);

    assertFalse(endPoint.isPresent());
}
```

在本例中，一種簡單的儲存資料方法是用 `Map<String, String>`，其中鍵是使用者 ID，值是密碼。不過實際上，使用者的概念對我們的領域很重要；我們有不少關於使用者的故事，系統的很多功能都也都跟使用者之間的對話有關。因此，比較好的方法是將使用者領域類別添加到我們的實作中。我們的資料結構將被修改為 `Map<String, String>`，其中鍵是使用者的 ID，值是相關使用者的 `User` 物件。

對於 TDD 的常見批評是它會阻礙軟體的設計，它只會引導你著重於撰寫測試，最終會導致貧血領域模型，並且不得不在某個時候重寫你的實作。所謂貧血領域模型（*anaemic domain model*），指的是領域物件沒有太多的業務邏輯，而且其程序邏輯分散在不同的方法中。當然這是一個合理的批評，因為 TDD 有時的確會以這種方式實踐。在正確的時間點添加領域類別或在程式碼中實現某些概念往往很難以捉摸。然而，如果這個概念是在使用者故事中經常提到的，那麼你應該在你的問題領域中有一些東西來表示它。

不過你還是可以發現一些明顯的反樣式。例如，如果你使用相同的鍵來建立不同的查找結構，同時又將與該鍵相關聯的不同值加到其中，這表示你還缺少一個領域類別。因此，如果我們追蹤使用者的關注者和密碼集，並且讓每個使用者 ID 有兩個 `Map` 物件：一個對映到關注者，另一個對映到密碼，那麼問題領域中就缺少了一個概念。事實上，我們在引進 `User` 類別時只使用了一個我們關心的值（即密碼），但是對問題領域的瞭解告訴我們，使用者是很重要的，因此我們沒有做得太草率。

 從現在起，本章將以「使用者」一詞來表示使用者的一般性概念，並以程式碼字型的 `User` 來表示領域類別。同樣地，我們將以 Twootr 來表示整個系統，而用 `Twootr` 來表示我們正在開發的類別。

密碼與安全性

到目前為止,我們一直在迴避安全性的問題。事實上,科技業最喜歡的安全性原則就是不去談論安全問題,並希望它們會自動消失。解釋如何撰寫安全的程式碼並不是本書的主要目標,甚至也不是次要目標;然而,Twootr 確實使用並儲存密碼進行身分驗證,因此值得稍微考量一下安全性的議題。

儲存密碼的最簡單方法是把它們視為跟其他字串(`String`)一樣用純文字來儲存。一般來說,這是一種糟糕的做法,因為這意味著任何能夠存取資料庫的人都可以存取所有使用者的密碼。惡意的人或組織可以(在許多情況下已經)使用純文字密碼登錄到你的系統,並且假裝是合法的使用者。此外,許多人對多個不同的服務使用相同的密碼,如果你不相信我們,可以問問你的長輩!

為了避免任何人只要擁有密碼就能存取你的資料庫,你可以把*加密雜湊函數*(*cryptographic hash function*)應用到密碼上。這個函數接受任意大小的輸入字串,並將其轉換為某種形式的輸出,稱為*摘要*(*digest*)。加密雜湊函式為確定性的,因此如果你對相同的輸入進行雜湊,將可以得到相同的結果,為了以後能夠檢查雜湊密碼,這點是必要的。另一個關鍵特性是,雖然從輸入轉換為摘要應該很快,但反向函數卻需花費很長的時間或者使用大量的記憶體,因此攻擊者不可能利用摘要反向求出明文的密碼。

加密雜湊函數的設計是一個非常活躍的研究課題,政府和企業都為此投入了大量的資金,它們很難正確的實作出來,所以永遠不要自行撰寫。Twootr 使用現有的 Java 函式庫 Bouncy Castle(*https://www.bouncycastle.org/*),這是一個開源的函式庫,並且經過了同行的嚴格檢驗。Twootr 使用的是 *Scrypt* 雜湊函數,這是一種專門為儲存密碼而設計的現代演算法,範例 6-5 顯示了加密的程式碼範例。

範例 6-5 KeyGenerator

```
class KeyGenerator {
    private static final int SCRYPT_COST = 16384;
    private static final int SCRYPT_BLOCK_SIZE = 8;
    private static final int SCRYPT_PARALLELISM = 1;
    private static final int KEY_LENGTH = 20;

    private static final int SALT_LENGTH = 16;

    private static final SecureRandom secureRandom = new SecureRandom();

    static byte[] hash(final String password, final byte[] salt) {
        final byte[] passwordBytes = password.getBytes(UTF_16);
```

```
            return SCrypt.generate(
                passwordBytes,
                salt,
                SCRYPT_COST,
                SCRYPT_BLOCK_SIZE,
                SCRYPT_PARALLELISM,
                KEY_LENGTH);
        }

        static byte[] newSalt() {
            final byte[] salt = new byte[SALT_LENGTH];
            secureRandom.nextBytes(salt);
            return salt;
        }
    }
```

很多雜湊方案有一個共同的問題是，即使必須花費許多時間計算，仍然可能透過暴力破解或透過彩虹表（*https://oreil.ly/0y6Pc*）來反向計算出特定長度以內的雜湊函數的鍵值。為了防止這種可能性，我們使用了密碼加鹽的技術。鹽（*Salt*）是額外隨機生成的輸入，添加到密碼雜湊函數中。透過向每個密碼添加一些使用者不會輸入但隨機生成的額外輸入，我們可以阻止某人建立雜湊函數的反向查找，因為他們需要知道雜湊函數和鹽。

現在，我們已經提到了一些關於儲存密碼的基本安全概念。實際上，保持系統安全是一項持續的工作。你不僅需要擔心靜態資料的安全性，還需要擔心傳輸中的資料安全性。當有人從客戶端連接到你的伺服器時，需要透過網路連線傳輸使用者的密碼。如果惡意的攻擊者攔截了這個連線，他們可以獲取密碼的副本，並用它在 140 個字元中做最卑鄙的事情！

在 Twootr 的例子中，我們透過 WebSocket 接收到登錄訊息。這意味著，為了確保我們的應用程式安全性，WebSocket 連線需要受到安全保護，以防止中間人攻擊。有幾種方法可以做到這一點；最常見和最簡單的是使用**傳輸層安全性**（*Transport Layer Security*，TLS），這是一種加密協定，目的是為透過其連線所發送的資料提供保密性和資料完整性。

對安全性有深入瞭解的組織會定期對其軟體設計進行檢查和分析。例如，他們可能會定期引入外部顧問或內部團隊扮演攻擊者的角色，來試圖滲透系統的安全防禦。

關注者和 Twoots

我們需要處理的下一個需求是關注使用者。你可以考慮用兩種不同的方式來設計軟體。其中一種方法稱為*由下而上*，從設計應用程式的核心開始，例如資料儲存模型或核心領域物件之間的關係，一直到建構系統的功能為止。由下而上看待使用者之間關注行為的方法是，決定如何為關注行為所導致的使用者之間的關係建模。這顯然是一種多對多關係，因為每個使用者可以有許多關注者，而一個使用者也可以關注許多其他使用者。接下來，你要繼續在該資料模型的基礎之上再添加讓使用者滿意所需的業務功能。

另一種方法是*由上而下*的軟體開發方法，先從使用者需求或描述開始，並嘗試開發實作這些描述所需的行為或功能，慢慢地轉向資料儲存或資料建模。例如，我們將從接收關注另一個使用者事件的 API 開始，然後為這種行為設計所需的儲存機制，再慢慢從 API 到業務邏輯再到持久性。

很難說哪一種方法在所有情況下都比較好，而另一種方法應該永遠避免；然而，對於用 Java 撰寫很受歡迎的業務線類型的應用程式，我們的經驗是由上而下的方法最有效。這是因為當你由資料建模或設計軟體的核心領域開始著手時，你可能會花費不必要的時間在軟體正常運作所不需要的功能上。由上而下方法的缺點是，當你建構更多的需求和描述時，你的初始設計可能不能令人滿意。這意味著，你需要對軟體設計採取一種警惕和反覆修改的方法，並隨著時間的推移不斷改進它。

在本章中，我們將向你展示一種由上而下的方法，這表示我們將從測試開始，以檢驗關注使用者的功能，如範例 6-6 所示。在本例中，UI 會發送一個事件給我們，以指出一個使用者希望關注另一個使用者，因此我們的測試將呼叫我們這一端的 onFollow 方法，並以要關注的使用者的唯一 ID 作為參數。當然，這個方法還不存在，因此我們需要在 Twootr 類別中宣告它，以便能夠順利編譯程式碼。

為錯誤建模

範例 6-6 中的測試只覆蓋以下操作的黃金路徑，因此需要確保操作能夠成功。

範例 6-6 shouldFollowValidUser

```
@Test
public void shouldFollowValidUser()
{
    logon();
```

```
    final FollowStatus followStatus = endPoint.onFollow(TestData.OTHER_USER_ID);

    assertEquals(SUCCESS, followStatus);
}
```

目前我們只有一個成功的情況，但還有其他可能的情況需要考慮。如果作為參數傳遞的使用者 ID 與實際使用者不一致該怎麼辦？如果使用者已經在關注他們要求關注的使用者呢？我們需要一種方式來對這個方法傳回的不同結果或狀態建模。就像生活中的每件事一樣，我們可以做出很多不同的選擇。決策、決策、決策……

一種方法是在操作傳回時引發例外，而成功時傳回空值。這可能是一個完全合理的選擇。這可能跟我們認為例外應該僅用於例外控制流的想法沒有衝突，從某種意義上來說，一個設計良好的 UI 可以避免在正常情況下出現這些情況。不過，讓我們考慮一些替代方案，它們將狀態視為一個值，而完全不使用例外。

有一種簡單的做法是以 boolean 值 true 表示成功，false 表示失敗。在操作可能成功或失敗並且僅出於單一原因而失敗的情況下，這是一個合理的選擇。boolean 方法的問題在於當有多個可能失敗的情境時，你無法知道它為什麼失敗。

或者，我們可以使用簡單的 int 常數值來表示每種不同的失敗情境，但正如在第 3 章中介紹例外概念時所討論的，這是一種容易出錯、型別不安全、可讀性差、可維護性差的方法。這裡有一個型別安全且提供更好說明文件的替代方法：枚舉（*enum*）型別。enum 是由有效型別構成的預先定義常數備選項清單，所以任何可以使用 interface 或 class 的地方都可以使用 enum。

但是枚舉在好幾個方面會比基於 int 的狀態碼更好。如果一個方法傳回一個 int 值，你不一定會知道 int 可以包含什麼值。雖然可以添加 javadoc 來描述它可以取什麼值，也可以定義常數（利用 static final 欄位），但這些實際上只是為豬塗上口紅。枚舉只能包含由 enum 宣告中所定義的值。Java 中的枚舉也可以有實例欄位和方法，以添加有用的功能，儘管我們不會在本例中使用該特性。你可以在範例 6-7 中看到對關注者狀態的宣告。

範例 *6-7*　*ReceiverEndPoint*

```
public enum FollowStatus {
    SUCCESS,
    INVALID_USER,
    ALREADY_FOLLOWING
}
```

由於 TDD 驅使我們撰寫最簡單的實作來通過測試，那麼 onFollow 方法此時應該只傳回 SUCCESS 值。

對於 following() 操作，我們還需要考慮其他幾個不同的情境。範例 6-8 展示了驅使我們思考重複使用者的測試。為了實作它，我們需要在 User 類別中添加一組使用者 ID，以表示該使用者正在關注的使用者集，並確保添加的另一個使用者不會重複。這對於 Java 集合 API 來說非常簡單，因為已經有一個 Set 介面來定義唯一的元素，如果你要添加的元素已經是 Set 的成員，那麼 add 方法將傳回 false。

範例 6-8　*shouldNotDuplicateFollowValidUser*

```
@Test
public void shouldNotDuplicateFollowValidUser()
{
    logon();

    endPoint.onFollow(TestData.OTHER_USER_ID);

    final FollowStatus followStatus = endPoint.onFollow(TestData.OTHER_USER_ID);
    assertEquals(ALREADY_FOLLOWING, followStatus);
}
```

測試 shouldNotFollowInValidUser() 斷言，如果使用者無效，則結果狀態將指出這一點，它跟 shouldNotDuplicateFollowValidUser() 所採取的格式類似。

Twooting

現在我們已經奠定了基礎，讓我們進入產品令人興奮的部分：發送推文（twooting）！我們的使用者故事描述了使用者如何發送 twoot，以及當時已經登錄的任何關注者都可以立即看到 twoot。實際上，我們現在還不知道使用者是否會立即看到 twoot，也許他們登錄了電腦，但卻在喝咖啡、盯著另一個社交網路，或者，上帝保佑，誰知道在做些什麼。

到目前為止，你可能已經熟悉了整個方法。我們想撰寫一個情境的測試，在這個情境中，登錄的使用者從另一個發送 twoot 的使用者那裡接收到 shouldReceiveTwootsFromFollowedUser() 的 twoot。除了登錄和關注之外，這個測試還需要幾個其他的概念。首先，我們需要對 twoot 的發送進行建模，也就是將 onSendTwoot() 方法加到 SenderEndPoint 中，它以發送 twoot 的使用者 id 當作參數，以便稍後可以回來參照它及它的內容。

其次，我們需要一種方式來通知關注者該使用者已經發出 twoot 訊息，這點可以在我們的測試中檢查是否有發生。我們之前介紹過以 ReceiverEndPoint 作為向使用者發佈訊息的一種方式，現在是開始使用它的時候了。其做法是像範例 6-9 那樣添加一個 onTwoot 方法。

範例 6-9　*ReceiverEndPoint*

```
public interface ReceiverEndPoint {
    void onTwoot(Twoot twoot);
}
```

無論 UI 轉接器是什麼，都必須向 UI 發送訊息，告訴它發生了 twoot 事件。但問題是，如何撰寫一個測試來檢查這個 onTwoot 方法是否有被呼叫？

建立模擬環境

這時模擬（*mock*）物件的概念就派上用場了。模擬物件是一種假裝成另一個物件的物件。它具有與被模擬的物件相同的方法和公開 API，並且在 Java 型別系統中看起來就像是所要模擬的另一個物件，但實際上不是。它的目的是記錄任何互動（例如，呼叫了哪些方法），並能夠驗證特定方法的呼叫是否有發生。例如，在這裡我們希望能夠驗證是否呼叫了 ReceiverEndPoint 的 onTwoot() 方法。

 對於擁有電腦科學學位的人來說，讀這本書時看到這裡使用「驗證」一詞的方式能會感到困惑。數學和形式方法團體傾向於用它來表示系統的屬性已經被證明適用於所有輸入的情況，但是驗證一詞用在模擬時的意思則完全不同，它只是意味著檢查在調用一個方法時是否已經使用了某些參數。當不同群體的人使用同一個單字卻表示不同含義時，有時候會讓人感到沮喪，但我們通常只需要知道用到這個術語的不同上下文是什麼即可。

模擬物件可以透過多種方式建立，第一個模擬物件往往是手寫的；事實上，我們可以在這裡手動撰寫一個 ReceiverEndPoint 的模擬實作，範例 6-10 就是其中一個例子。每當呼叫 onTwoot 方法時，我們透過將 Twoot 參數儲存在一個 List 中來記錄這個調用，並且可以透過斷言 List 包含了 Twoot 物件來驗證在呼叫時是否使用了某些參數。

```
public class MockReceiverEndPoint implements ReceiverEndPoint
{
    private final List<Twoot> receivedTwoots = new ArrayList<>();

    @Override
    public void onTwoot(final Twoot twoot)
    {
        receivedTwoots.add(twoot);
    }

    public void verifyOnTwoot(final Twoot twoot)
    {
        assertThat(
            receivedTwoots,
            contains(twoot));
    }
}
```

在實務上，手動撰寫模擬可能會變得單調乏味並且容易出錯。優秀的軟體工程師如何處理乏味且容易出錯的任務？沒錯，他們將這些任務自動化。有許多函式庫可以透過為我們提供建立模擬物件的方法來幫助我們。我們將在此專案中所使用的函式庫是 *Mockito*，它是免費、開放源碼，並且是常用的函式庫。與 *Mockito* 相關的大多數操作可以使用 Mockito 類別上的靜態方法來調用，在這裡我們使用靜態匯入的方式。為了建立模擬物件，你必須使用 mock 方法，如範例 6-11 所示。

範例 6-11　*mockReceiverEndPoint*

```
private final ReceiverEndPoint receiverEndPoint = mock(ReceiverEndPoint.class);
```

利用模擬來驗證

這裡所建立的模擬物件可以在一般的 ReceiverEndPoint 實作的任何地方使用。例如，我們可以把它當作參數傳遞給 onLogon() 方法，以連接 UI 轉接器。一旦欲測試的條件（*when*）真的發生了，我們的測試就需要實際驗證 onTwoot 方法確實有被調用（*then*）。為此，我們使用 Mockito.verify() 方法把模擬物件包裝起來，這是一個通用的方法，它傳回與它所傳入的物件型別相同的物件；我們只需要使用所預期的參數呼叫有問題的方法，以描述與模擬物件的預期互動，如範例 6-12 所示。

範例 6-12　*verifyReceiverEndPoint*

```
verify(receiverEndPoint).onTwoot(aTwootObject);
```

在上一節中，你也許已經注意到我們在 onTwoot 方法簽章中所引入的 Twoot 類別。這是一個值物件（value object），用來把值包裝起來並表示 Twoot。因為它將被發送到 UI 轉接器，所以它應該只包含簡單值的欄位，而不用暴露太多核心領域。例如，為了表示 twoot 的發送方，它包含了發送方的 id，而不是參照到 User 物件。Twoot 還包含一個內容字串（content String）和 Twoot 物件本身的 id。

在這個系統中，Twoot 物件是不可變的。如前所述，這種作法縮小了 bug 的範圍。這對於傳遞給 UI 轉接器的值物件而言尤其重要。實際上，你只是想讓 UI 轉接器顯示 Twoot，而不是改變另一個使用者的 Twoot 狀態。同樣值得注意的是，我們在為類別 Twoot 命名時沿用了這裡的領域語言。

模擬函式庫

我們在本書中使用 Mockito 是因為它有很好的語法，符合我們撰寫模擬的首選方式，但它不是唯一的 Java 模擬框架，Powermock 和 EasyMock 也很受歡迎。

Powermock 的語法與 Mockito 類似，但是它允許你模擬 Mockito 不支援的東西；例如，final 類別或靜態方法。對於模擬 final 類別這樣的東西是否是個好主意有一些爭論，如果你不能在正式環境中提供該類別的不同實作，那麼你真的應該在測試中這樣做嗎？通常我們不鼓勵使用 Powermock，但是它偶爾在一些緊急情況下可以派上用場。

EasyMock 採用了不同的方式來撰寫模擬，這是一種風格上的選擇，可能有一些開發人員會傾向於使用 EasyMock。其概念上最大的不同是 EasyMock 鼓勵嚴格的模擬。所謂嚴格模擬的意思是，如果沒有明白指出該調用應該發生，那麼這樣做就是錯的。這會致使對於類別執行的行為進行更具體的測試，但有時會與不相關的互動耦合。

SenderEndPoint 類別

現在像 onFollow 和 onSendTwoot 這樣的方法已經在 SenderEndPoint 類別中宣告。每個 SenderEndPoint 實例表示一個端點，而使用者會從這個端點將事件發送到核心領域。我們為 Twoot 設計的 EndPoint 非常簡單，它只是包裝了主要的 Twootr 類別，並將其委託給為系統中所表示的使用者傳入 User 物件的方法。範例 6-13 顯示了該類別的整體宣告，以及一個與事件 onFollow 對應的方法。

```java
public class SenderEndPoint {
    private final User user;
    private final Twootr twootr;

    SenderEndPoint(final User user, final Twootr twootr) {
        Objects.requireNonNull(user, "user");
        Objects.requireNonNull(twootr, "twootr");

        this.user = user;
        this.twootr = twootr;
    }

    public FollowStatus onFollow(final String userIdToFollow) {
        Objects.requireNonNull(userIdToFollow, "userIdToFollow");

        return twootr.onFollow(user, userIdToFollow);
    }
}
```

你可能已經注意到範例 6-13 需要用到 `java.util.Objects` 類別。這是 JDK 本身附帶的一個公用程式類別，它為檢查 null 引用以及 `hashCode()` 和 `equals()` 方法的實作提供了方便的方法。

除了引進 `SenderEndPoint`，我們還可以考慮用其他設計來替代。我們可以直接公開 `Twootr` 物件上的方法來接收與使用者相關的事件，並期望任何 UI 轉接器直接呼叫這些方法。這是一個主觀的問題，就像軟體開發的許多部分一樣，有些人認為建立 `SenderEndPoint` 會增加不必要的複雜性。

這裡最大的動機是，誠如前面所提到的，我們不想讓 User 核心領域物件暴露給 UI 轉接器，而只想藉由簡單的事件來與它們交談。一種可能的做法是把使用者 ID 當作所有 `Twootr` 事件方法的參數，但是如此一來每個事件的第一步都要從 ID 來查找 User 物件，而這裡我們已經把它納入 `SenderEndPoint` 的上下文。因此這種設計會移除 `SenderEndPoint` 的概念，但同時增加了更多的工作和複雜性。

為了真正發送 Twoot，我們需要稍微改進核心領域。User 物件需要添加一組關注者，以便在 Twoot 到達時通知該使用者。你可以在範例 6-14 看到 `onSendTwoot` 方法的程式碼，因為它是在這個階段實作的。這將找到登錄的使用者並告訴他們接收 twoot。如果你不熟悉 `filter` 和 `forEach` 方法，或者 `::or ->` 語法也不必擔心，這些將在第 148 頁的「函數式程式設計」中介紹。

範例 6-14　*onSendTwoot*

```java
void onSendTwoot(final String id, final User user, final String content)
{
    final String userId = user.getId();
    final Twoot twoot = new Twoot(id, userId, content);
    user.followers()
        .filter(User::isLoggedOn)
        .forEach(follower -> follower.receiveTwoot(twoot));
}
```

User 物件還需要實作 receiveTwoot() 方法。使用者如何接收 twoot ？呃，它應該透過發送事件通知使用者的 UI 有一個準備要顯示的 twoot，這需要呼叫 receiverEndPoint.onTwoot(twoot)。這是我們在模擬程式碼中用來驗證調用的方法呼叫，在這裡呼叫它可以讓測試順利通過。

你可以在範例 6-15 中看到我們測試的最後一次疊代，如果你從 GitHub 下載範例專案，也可以看到這段程式碼。你可能會注意到，它看起來與我們目前所描述的有點不同。首先，在撰寫了接收 twoot 的測試之後，一些操作被重構為通用方法。其中一個例子是 logon()，它將第一個使用者登錄到系統上，這是許多測試所給定的一部分。其次，這個測試還建立了一個 Position 物件，並將其傳遞給 Twoot，同時驗證與 twootRepository 的互動。這裡的儲存庫（Repository）到底是什麼？到目前為止，我們還不需要這兩個概念，但它們是系統設計發展的一部分，將在接下來的兩節中說明。

範例 6-15　*shouldReceiveTwootsFromFollowedUser*

```java
@Test
public void shouldReceiveTwootsFromFollowedUser()
{
    final String id = "1";

    logon();

    endPoint.onFollow(TestData.OTHER_USER_ID);

    final SenderEndPoint otherEndPoint = otherLogon();
    otherEndPoint.onSendTwoot(id, TWOOT);

    verify(twootRepository).add(id, TestData.OTHER_USER_ID, TWOOT);
    verify(receiverEndPoint).onTwoot(new Twoot(id, TestData.OTHER_USER_ID, TWOOT,
new Position(0)));
}
```

位置

你很快就會知道 Position 物件是什麼，但在介紹它們的定義之前，我們應該滿足它們的動機。下一個我們需要實現的需求是，當使用者登錄時，他們應該看到自上次登錄以來所有他們所關注者的 twoot。這需要能夠對不同的 twoots 執行某種形式的重播，並當使用者登錄時知道哪些 twoots 他們還沒看過，範例 6-16 顯示了該功能的測試。

範例 6-16 *shouldReceiveReplayOfTwootsAfterLogoff*

```
@Test
public void shouldReceiveReplayOfTwootsAfterLogoff()
{
    final String id = "1";

    userFollowsOtherUser();

    final SenderEndPoint otherEndPoint = otherLogon();
    otherEndPoint.onSendTwoot(id, TWOOT);

    logon();

    verify(receiverEndPoint).onTwoot(twootAt(id, POSITION_1));
}
```

為了實作這個功能，我們的系統需要知道使用者在登出之後有哪些 twoot 被發送。我們可以透過很多不同的方式來設計這個功能。不同的方法在實作複雜度性、正確性和效能 / 可伸縮性方面可能要做不同的權衡。由於我們剛剛開始建構 Twootr，並不期望一開始就有很多使用者，所以在這裡可伸縮性問題並不是我們所著重的目標：

- 我們可以記錄每一個 twoot 的時間和使用者登出的時間，並搜尋在這些時間範圍內所發出的 twoot。

- 我們可以把 twoots 視為一個連續的串流，其中每個 twoot 在串流中有一個位置，並記錄使用者登出時的位置。

- 我們可以利用位置，並記錄最後看到的 twoot 的位置。

在考慮不同的設計時，我們會儘量避免按時間來排序訊息。這種決定讓人覺得好像是個好主意。假設我們以毫秒為單位儲存時間，如果我們在同一時間區間內接收到兩個 twoot 會發生什麼情況？我們無法判斷這兩個 twoot 的先後順序。如果在使用者登出的同一毫秒內收到 twoot 又該怎麼辦？

記錄使用者登出的時間也是一個有問題的事件。如果使用者很顯然只是透過按一下按鈕來登出，這可能是 OK 的。但實際上，這只是他們停止使用 UI 的幾種方式之一。也許他們會在沒有明確登出的情況下關閉網頁瀏覽器，或者他們的網頁瀏覽器會忽然停止運作。如果他們同時用兩個網頁瀏覽器連線，然後從其中一個登出，會發生什麼事？如果他們的手機沒電了或者關閉了應用程式又會怎樣？

我們認為要知道從哪裡開始重播 twoot，最安全的方法就是為每個 twoot 指派位置，然後儲存每個使用者看到的位置。為了定義位置，我們引進了一個小的 Position 值物件，如範例 6-17 所示。這個類別還有一個常數值，表示串流在開始之前的初始位置。因為我們所有的位置值都是正的，所以可以使用任何負整數作為初始位置：在這裡我們選擇了 -1。

範例 6-17　位置

```java
public class Position {
    /**
     * 在任何推文被看到之前的位置
     */
    public static final Position INITIAL_POSITION = new Position(-1);

    private final int value;

    public Position(final int value) {
        this.value = value;
    }

    public int getValue() {
        return value;
    }

    @Override
    public String toString() {
        return "Position{" +
            "value=" + value +
            '}';
    }

    @Override
    public boolean equals(final Object o) {
        if (this == o) return true;
        if (o == null || getClass() != o.getClass()) return false;

        final Position position = (Position) o;

        return value == position.value;
```

```
    }

    @Override
    public int hashCode() {
        return value;
    }

    public Position next() {
        return new Position(value + 1);
    }
}
```

這個類別看起來有點複雜，不是嗎？當你編寫到這一段程式時可能會問自己：為什麼我要在這個類別裡面定義 equals() 和 hashCode() 方法，而不是讓 Java 為我處理它們？什麼是**值物件**（*value object*）？我為什麼要問這麼多問題？不用擔心，我們很快就會為大家回答這個新的議題。引進用來表示值的小物件通常會很方便，這些物件代表欄位的複合值或為相關領域變數名稱賦予某個數值。Position 類別就是一個例子；另一個可能是範例 6-18 中 Point 類別。

範例 6-18　*Point*

```
class Point {
    private final int x;
    private final int y;

    Point(final int x, final int y) {
        this.x = x;
        this.y = y;
    }

    int getX() {
        return x;
    }

    int getY() {
        return y;
    }
}
```

一個 Point 具有 x 座標和 y 座標，而 Position 只有一個值。我們已在類別中定義了欄位以及取用這些欄位的方法（getter）。

equals 和 hashcode 方法

如果我們想比較像這樣定義為具有相同值的兩個物件,那麼我們會發現,當我們希望它們相等時,它們卻不相等。範例 6-19 顯示了一個這樣的例子;預設情況下,繼承自 java.lang.Object 的 equals() 和 hashCode() 方法定義為使用參照相等性(reference equality)的概念。這意味著,如果兩個不同的物件位於電腦記憶體中的不同位置,那麼即使所有欄位的值都一樣,他們也不相等,這可能會導致程式中出現許多不易察覺的 bug。

範例 6-19 兩個應該相等卻不相等的 *Point* 物件

```
final Point p1 = new Point(1, 2);
final Point p2 = new Point(1, 2);
System.out.println(p1 == p2); // 列印 false
```

從兩種不同類型物件的角度來思考相等性的表示法通常會有幫助:一種是參照物件(*reference object*)另一種是值物件(*value object*)。在 Java 中,我們可以重寫 equals() 方法來定義我們自己的實作,該實作使用的是欄位的值相等的概念,就如同範例 6-20 中 Point 類別的實作,我們先檢查給定的物件與這個物件的類別是否相同,然後檢查每個欄位是否相等。

範例 6-20 *Point* 相等性的定義

```
@Override
public boolean equals(final Object o) {
    if (this == o) return true;
    if (o == null || getClass() != o.getClass()) return false;

    final Point point = (Point) o;

    if (x != point.x) return false;
    return y == point.y;
}

@Override
public int hashCode() {
    int result = x;
    result = 31 * result + y;
    return result;
}

final Point p1 = new Point(1, 2);
```

```
final Point p2 = new Point(1, 2);
System.out.println(p1.equals(p2)); // 列印 true
```

equals 和 hashcode 之間的契約

在範例 6-20 中，基於 Java 的 *equals/hashCode* 契約，我們不僅重寫了 equals() 方法，而且也重寫了 hashCode() 方法。該契約聲稱，如果我們有兩個物件，用 equals() 方法比較的結果相等，那麼它們 hashCode() 的結果也必須相同。許多核心 Java API 都使用了 hashCode() 方法，最著名的是 HashMap 和 HashSet 等系列的實作。它們所依賴的是這個契約成立的情況，否則你會發現它們的行為就不會像你預期的那樣。那麼如何正確地實作 hashCode() 呢？

好的雜湊碼（hashcode）實作不僅遵守這個契約，而且還會生成均勻分佈的整數雜湊碼，這有助於提高 HashMap 和 HashSet 實作的效率。為了實現這兩個目標，下面是一系列簡單的規則，如果遵守這些規則，就能實作出好的 hashCode()：

1. 建立一個 result 變數並指派一個質數給它。

2. 取得 equals() 方法所用到的每個欄位，並計算一個 int 值表示該欄位的雜湊碼。

3. 將該欄位的雜湊碼與現有結果結合起來，方法是把先前的結果乘以一個質數；例如，result = 41 * result + hashcodeOfField。

為了計算每個欄位的雜湊碼，你需要根據相關欄位的型別進行區分：

- 如果該欄位是一個基本型別，則使用其伴隨類別上提供的 hashCode() 方法。例如，如果是雙精確度（double），則用 Double.hashCode()。

- 如果該欄位是非空值物件，只需呼叫它的 hashCode() 方法，否則就用 0。這可以簡單地寫成 java.lang.Objects.hashCode()。

- 如果該欄位是一個陣列，則要用我們在這裡所描述的相同規則來組合每個元素的 hashCode() 值。這項工作可用 java.util.Arrays.hashCode() 來完成。

在大多數情況下，你不需要自己實際撰寫 equals() 和 hashCode() 方法，現代 Java IDE 將為你產生它們。不過，瞭解產生它們的程式碼背後的原則和原因仍然很有幫助。尤其重要的是，能夠檢查程式碼中看到的 equals() 和 hashCode() 方法，並瞭解它們的實作是好是壞。

在本節中，我們討論了一些值物件，但是 Java 的未來版本打算要包含內聯類別（*inline class*），這些正在 Valhalla 專案（*https://oreil.ly/ muvlT*）中進行雛型製作。內聯類別背後的概念是提供一種非常有效的方法來實作看起來就像是值的資料結構。你仍然可以像撰寫普通類別一樣用它們來撰寫程式碼，但是它們會產生正確的 hashCode() 和 equals() 方法，使用更少的記憶體，並且在很多情況下可以更快地撰寫程式。

在實作這個功能時，我們需要把一個 Position 跟每個 Twoot 關聯起來，因此我們在 Twoot 類別中增加了一個欄位。我們還需要記錄每個使用者最後看到的位置，因此我們在 User 類別中增加了 lastSeenPosition。當 User 收到 Twoot 時，它們會更新自己的位置，當 User 登錄時，它們會送出該使用者還沒看到的 twoots。因此，不需要將新的事件加到 SenderEndPoint 或 ReceiverEndPoint。若要重播 twoots 還需要將 Twoot 物件儲存在某個地方：一開始我們只使用 JDK 的 List。現在，我們的使用者不必一直登錄到系統才能享受 Twootr，這太棒了！

重點整理

- 你學到了更大的架構全貌的概念，比如通訊方式。

- 你培養了將領域邏輯從函式庫和框架的選擇中解耦的能力。

- 在本章中，你透過由外而內的測試來推動程式碼的開發。

- 你將物件導向的領域建模技巧應用到一個更大的專案中。

延伸練習

如果你想擴展和鞏固本章的知識，可以嘗試以下活動：

- 試試單字內自動換行套路（*https://oreil.ly/vH2Q5*）。

- 在不閱讀下一章的情況下，寫下實作完整 Twootr 需要完成的事項清單。

完成挑戰

我們和你的客戶 Joe 開了後續會議，討論了這個專案取得的巨大進展，它已經涵蓋了很多核心領域的需求，並且我們已經描述了這個系統應該如何設計。當然，Twootr 現在還沒有完成。你還沒有聽過如何將應用程式連接在一起，以便不同的元件可以相互通訊。你還沒有接觸到我們將 twoot 的狀態儲存到某種持久保存系統的方法，這樣的儲存系統可以讓 Twootr 在重新啟動時資料不會消失。

Joe 對所取得的進展感到非常興奮，他非常期待看到實作完成的 Twootr，最後一章將完成 Twootr 的設計並涵蓋其餘的主題。

第七章

擴充 Twootr

挑戰

Joe 之前想要在 Twootr 上實作一個現代化的線上通訊系統。上一章提出了 Twootr 的一個可能的設計,並描述了核心業務領域的實作,包括透過測試得出設計結果。你學會了一些相關的設計和資料建模的決策,以及如何把原始問題分解再組織成解決方案。不過,這還沒有涵蓋 Twootr 專案的全部,因此本章打算完整地講述這些內容。

目標

本章將透過幫助你瞭解以下主題來延伸並完成前一章所取得的進展:

- 避免依賴倒置原則和依賴注入的耦合。

- 具有儲存庫樣式和查詢物件樣式的持久性儲存。

- 函數式程式設計的簡介,它將告訴你如何在 Java 的環境以及實際應用中利用函數式程式設計的概念。

前情提要

由於我們將繼續上一章的 Twootr 專案,所以在這裡有必要回顧一下我們設計中的關鍵概念。如果你是在馬拉松閱讀的情況下從上一章持續讀到這裡,那麼你可以略過這一節:

- Twootr 是實例化業務邏輯和策劃系統的父類別。

- Twoot 是系統中使用者所廣播訊息的單一實例。

- ReceiverEndPoint 是由 UI 轉接器實作的介面,並將 Twoot 物件推播到 UI 中。

- SenderEndPoint 具有與使用者發送到系統中的事件相對應的方法。

- 密碼管理和雜湊由 KeyGenerator 類別執行。

持久保存和儲存庫樣式

我們現在已經有了一個可以支援大部分核心訊息發佈的系統。遺憾的是,如果我們以任何方式重啟 Java 程序,所有發佈的訊息和使用者資訊都將遺失。我們需要一種方法來儲存這些資訊,以便在重啟後還能保存下來。在前面討論軟體架構時,我們談到了通訊埠和轉接器,以及如何使應用程式的核心不受儲存後端的影響。事實上,有一種常用的樣式可以幫我們做到這一點:儲存庫(*Repository*)樣式。

儲存庫樣式定義了領域邏輯和儲存裝置後端之間的介面,除了允許我們隨著應用程式的發展而使用不同的儲存後端之外,這種方法還有幾個優點:

- 將資料從儲存後端對映到領域模型的邏輯集中化。

- 無需啟動資料庫就可以對核心業務邏輯進行單元測試,這樣可以加速測試的執行。

- 透過保持每個類別的單一職責來提高可維護性和可讀性。

你可以把儲存庫視為物件的集合,但是儲存庫不只是將物件儲存在記憶體中,還可以將它們長久地保存在某個地方。在發展我們的應用程式的設計時,我們是透過測試驅動的方式來設計儲存庫;但是,為了節省時間,我們只描述了最後實作的結果。由於儲存庫是物件的集合,在 Twootr 中需要兩個物件:一個用於儲存 User 物件,另一個用於 Twoot 物件。大多數儲存庫都有實作一系列的常見操作:

`add()`

　　將新的物件實例保存到儲存庫中。

`get()`

　　根據識別碼查找單一物件。

`delete()`

　　將實例從持久性後端刪除。

`update()`

　　確保為該物件所儲存的值等於實例欄位。

有些人使用縮寫 CRUD 來描述這類操作，表示新增（Create）、讀取（Read）、更新（Update）和刪除（Delete）。我們使用了 add 和 get 而不是 create 和 read，因為這樣的命名方式更符合在集合框架中常用的 Java 慣例。

設計儲存庫

在這個案例裡面，我們採取了由上而下的設計，並以測試驅動的方式來開發儲存庫，這意味著並非所有操作都在兩個儲存庫上有定義。例如範例 7-1 的 UserRepository 就沒有刪除使用者的操作，這是因為實際上並沒有刪除使用者的需要。我們問顧客 Joe 關於這個問題的時候，他回答：「一旦你開始 Twoot，就停不下來了！」

當你獨自工作時，可能會試著增加一些功能，以便在儲存庫中擁有「一般」的操作，但是我們強烈警告你不要這樣做。未使用的程式碼或者通常所謂的*死程式碼*（*dead code*），是一種不必要的負擔。從某種意義上來說，所有的程式碼都是一種負擔，但是如果程式碼實際上是在做一些有用的事情，那麼它對你的系統就有好處，而如果它沒有被使用，那就只是一種不利因素。隨著需求的發展，你需要重構和改進程式碼庫，而閒置的程式碼越多，這項任務就越困難。

這裡有一個指導原則，我們在本章中一直在暗示，但直到現在才提到：*你不會需要它*（*You ain't gonna need it*），簡稱 *YAGNI*。這並不是叫你引進像儲存庫這樣抽象和不同的概念，只是請你不要撰寫你認為將來會需要的程式碼，而是在你真正需要的時候才寫。

範例 7-1　使用者儲存庫

```
public interface UserRepository extends AutoCloseable {
    boolean add(User user);

    Optional

    void update(User user);

    void clear();

    FollowStatus follow(User follower, User userToFollow);
}
```

由於儲存物件的性質不同，這兩個儲存庫的設計也存在著差異。我們的 Twoot 物件是不可變的，所以範例 7-2 中的 TwootRepository 並不需要實作 update()。

範例 7-2　*Twoot* 儲存庫

```
public interface TwootRepository {
    Twoot add(String id, String userid, String content);

    Optional<Twoot> get(String id);

    void delete(Twoot twoot);

    void query(TwootQuery twootQuery, Consumer<Twoot> callback);

    void clear();
}
```

通常，儲存庫中的 add() 方法只是單純地接受相關的物件，並將其持久保存到資料庫中。在 TwootRepository 的例子中，我們採取了不同的方法。這個方法接受一些特定的參數並實際建立了相關物件。這種做法背後的動機是，資料來源將是指派下一個 Position 物件給 Twoot 的那個。我們將確保把唯一且有順序性物件的責任委派給資料層，並假設該資料層將擁有建立此類序列的適當工具。

另一種可能的做法是，用一個沒有分配 position 的 Twoot 物件，然後在添加該物件時再設定 position 欄位。現在，物件建構子的關鍵目標之一應該是確保所有內部狀態都已完全初始化，最好是使用 final 進行檢查。如果在建立物件時沒有分配好位置，我們就會建立一個未完全實例化的物件，這樣就違背了我們建立物件的原則之一。

有一些儲存庫樣式的實作可使用通用的介面，如範例 7-3 所示。但這並不適用於我們的例子，因為 TwootRepository 沒有 update() 方法，而 UserRepository 沒有 delete() 方法。如果你想撰寫抽象化的程式碼並應用在不同儲存庫，那麼這可能會很有用。儘量避免將不同的實作強加在同一個介面，這是設計一個好的抽象化程式碼的關鍵。

範例 7-3　*AbstractRepository*

```java
public interface AbstractRepository<T>
{
    void add(T value);

    Optional<T> get(String id);

    void update(T value);

    void delete(T value);
}
```

查詢物件

不同儲存庫之間的另一個關鍵區別是，它們如何支援查詢的方式。對於 Twootr 而言，我們的 UserRepository 不需要任何查詢功能，但是對於 Twoot 物件，我們需要能夠在使用者登錄時查找自從上一次登出到目前為止所發佈的訊息以便重播，實作這個功能最好是用什麼方式呢？

這裡有幾種不同的選擇，最簡單的方法是，我們可以試著把儲存庫視為純粹的 Java Collection，並且有一種遍歷不同 Twoot 物件的方法。然後可以像撰寫一般 Java 程式碼那樣來編寫查詢 / 篩選的邏輯。這種方式看起來不錯，但可能會很慢，因為它需要我們的 Java 應用程式去查詢所有儲存的資料，而實際上我們可能只需要其中的幾行。通常，資料儲存後端（例如 SQL 資料庫）對於如何查詢和排序資料應該要有高度最佳化和高效率的實作，因此最好把查詢留給它們。

在確定了儲存庫的實作要負責資料儲存的查詢之後，我們要決定如何透過 TwootRepository 介面來公開它才是最好的。有一種選擇是增加一個與負責查詢的業務邏輯綁定的方法。例如，我們可以寫一個像是範例 7-4 中的 twootsForLogon() 方法，來取得一個使用者物件並查找與其有關聯的 twoot。這樣做的缺點是，會讓特定的業務邏輯功能與儲存庫實作產生耦合，而引進抽象化的儲存庫就是為了要避免這種情況。這將會使我們更加難以按照需求發展我們的實作，因為我們將不得不修改儲存庫以及核心領域邏輯，並且還違反了單一職掌原則。

範例 7-4 _twootsForLogon_

```
List<Twoot> twootsForLogon(User user);
```

我們想要設計的是可以讓我們利用資料儲存的查詢功能,而無需將業務邏輯綁定到相關的資料儲存。當然我們可以再增加特定的方法以根據所給定的標準來查詢儲存庫,如範例 7-5 所示。這種方法比前兩種方法好得多,但仍然可以稍加改進。將每個查詢寫死到一個給定方法的問題是,應用程式會隨著時間的推移發展並增加更多查詢功能,而我們不得不在 Repository 介面中添加越來越多的方法,使其變得臃腫並且更難理解。

範例 7-5 _twootsFromUsersAfterPosition_

```
List<Twoot> twootsFromUsersAfterPosition(Set<String> inUsers, Position lastSeenPosition);
```

這將我們帶到下一個查詢的問題,如範例 7-6 所示。在這裡,我們將查詢 **TwootRepository** 的條件提取到它自己的物件中。現在,我們可以在這個條件中添加其他屬性來進行查詢,而不必為了查詢不同屬性而將多種查詢方法組合起來。**TwootQuery** 物件的定義如範例 7-7 所示。

範例 7-6 查詢

```
List<Twoot> query(TwootQuery query);
```

範例 7-7 _TwootQuery_

```
public class TwootQuery {
    private Set<String> inUsers;
    private Position lastSeenPosition;

    public Set<String> getInUsers() {
        return inUsers;
    }

    public Position getLastSeenPosition() {
        return lastSeenPosition;
    }

    public TwootQuery inUsers(final Set<String> inUsers) {
        this.inUsers = inUsers;

        return this;
    }

    public TwootQuery inUsers(String... inUsers) {
```

```
            return inUsers(new HashSet<>(Arrays.asList(inUsers)));
        }

        public TwootQuery lastSeenPosition(final Position lastSeenPosition) {
            this.lastSeenPosition = lastSeenPosition;

            return this;
        }

        public boolean hasUsers() {
            return inUsers != null && !inUsers.isEmpty();
        }
    }
```

不過，這並不是查詢 twoot 最終的設計方法。傳回一個物件的 List 表示我們必須把所有要傳回的 Twoot 物件全部載入到記憶體中。當這個 List 變得非常大時，這並不是一個非常好的主意。我們可能也不想一次查詢所有的物件。這裡的情況是，我們希望將每個 Twoot 物件都推到 UI 中，而不需要在某個時間點將它們全部放到記憶體中。有一些儲存庫實作會建立一個物件來為傳回的結果集建模，這些物件讓你可以進行分頁或遍歷這些值。

在本例中，我們將採取更簡單的方式：只需執行 Consumer<Twoot> 回呼。這是呼叫者要傳入的函式，它帶有一個 Twoot 引數，並傳回 void。我們可以用 lambda 表達式或方法參照來實作這個介面，你可以在範例 7-8 中看到我們最後的做法。

範例 7-8 　查詢

```
    void query(TwootQuery twootQuery, Consumer<Twoot> callback);
```

請參見範例 7-9，以瞭解如何使用此查詢方法。這就是 onLogon() 方法呼叫 query 的方式，它接受將一個目前正在登錄的使用者當作參數，並以該使用者所關注的使用者集作為所要查詢的使用者，然後利用最後看到的位置找出這些使用者發佈的訊息。接收此查詢結果的回呼函式是 user::receiveTwoot，它是對前面描述的將 Twoot 物件發佈到 UI 的 ReceiverEndPoint 函式的方法參照。

範例 7-9 使用 query 方法的例子

```
    twootRepository.query(
        new TwootQuery()
            .inUsers(user.getFollowing())
            .lastSeenPosition(user.getLastSeenPosition()),
        user::receiveTwoot);
```

就是這樣，這就是我們在應用程式邏輯的核心中所設計和使用的儲存庫介面。

另外還有一個我們在這裡沒有提到的儲存庫實作所使用的特性是，**工作單元**（*Unit of Work*）樣式。在 Twootr 中我們並沒有用到工作單元樣式，但它經常與儲存庫樣式一起使用，因此在這裡值得一提。業務線應用程式通常要做的一件事是，使用單一操作來執行與資料儲存的多次互動。例如，你可能在兩個銀行帳戶之間轉帳，並且希望在同一個操作中從一個銀行帳戶取出錢並將其添加到另一個銀行帳戶。你不希望這兩種操作的其中一個成功，而另一個操作卻不成功——你不希望在債務人戶頭上沒有足夠的錢時，把錢存入債權人的戶頭。你也不想在不確定你可以把錢存入債權人戶頭的情況下，減少債務人的餘額。

為了使人們能夠執行這些類型的操作，資料庫的實作通常要符合交易和 ACID 的特性。交易本質上是一組不同的資料庫操作，但是邏輯上視為一個不可分割的單一操作。工作單元是幫助你執行資料庫交易的設計樣式。基本上，你在儲存庫上執行的每個操作都會註冊到一個工作單元物件。然後，工作單元物件可以委託給多個儲存庫中的一個，將這些操作包裝在交易中。

到目前為止，我們還沒有談到如何實際實作我們設計的儲存庫介面。就像軟體開發中的其他事情一樣，我們通常可以走不同的路線。Java 生態系統包含許多試圖為你自動執行此實作任務的物件關係映射器（Object Relational Mappers，ORM），其中最流行的 ORM 是 Hibernate（*http://hibernate.org/*）。ORM 往往是一種簡單的方法，可以為你自動化一些工作；但是，它們通常會生成次優的資料庫查詢程式碼，而且有時所帶來的複雜性會比它們所幫忙消除的更多。

在範例專案中，我們為每個儲存庫提供了兩種實作。其中一種是非常簡單的用記憶體實作，適用於在重啟後不會永久儲存資料的測試。另一種方法是使用 SQL 和 JDBC API，我們不會詳細介紹其實作，因為大部分都無助於闡述任何特別有趣的 Java 程式設計概念；然而，在下方的「函數式程式設計」中，我們將討論如何在實作中使用函數式程式設計的一些想法。

函數式程式設計

函數式程式設計是一種電腦程式設計風格，它把方法當作數學函數來操作，這樣可避免容易改變的狀態和不斷變更的資料。你可以在任何語言中以這種風格設計程式，但是有些程式設計語言提供了使其更容易和更好的功能，我們稱之為**函數式程式設計語言**（*functional programming languages*）。Java 不是函數式程式設計語言，但在它首次發佈的 20 年後，從第 8 版開始添加了許多功能，這些功能有助於實現 Java 中的函數式程式設計。這些功能包括 lambda 表達式、串流（Streams）和收集器（Collector）API，以及可選（Optional）類別。在本節中，我們將探討如何使用這些函數式程式設計功能，以及如何在 Twootr 中使用它們。

在 Java 8 之前，函式庫撰寫者在 Java 中使用的抽象級別受到了限制，一個很好的例子是缺乏對大量資料集合的高效率並行操作。從 Java 8 開始，其允許你撰寫複雜的集合處理演算法，並且只需更改一個方法呼叫，就可以在多核心 CPU 上有效率地執行此程式碼。然而，為了能夠撰寫這些類型的大批資料並行函式庫，Java 語言需要一個新的變革：lambda 表達式。

當然，這是有代價的，因為你必須學會撰寫和看懂支援 lambda 的程式碼，但這是一種很好的折衷做法。對於程式設計師來說，學習少量的新語法和一些新的習慣用法要比手寫大量複雜的執行緒安全程式碼容易得多。好的函式庫和框架可顯著降低開發企業業務應用程式的成本和時間，因此任何有礙於開發容易使用和高效率函式庫的障礙都應該消除。

任何從事物件導向程式設計的人都很熟悉抽象化這個概念，區別在於物件導向程式設計主要是對資料進行抽象化，而函數程式設計主要是對行為進行抽象化。現實世界有這兩種東西，我們的程式也是如此，所以我們可以而且應該從這兩種影響中學習。

這種新的抽象化還有其他好處，對許多人而言，他們在寫程式時並非始終以效能為依歸，還有其他更重要的考量。比如說，你可以撰寫更容易閱讀的程式碼，這些程式碼把時間花在表達其業務邏輯的意圖，而不是描述如何實現的機制。較易讀的程式碼也更容易維護、更可靠、更不易出錯。

Lambda 表達式

我們將 lambda 表達式定義為描述匿名函式的一種簡潔方式。我們能體諒這裡一下子要吸收的資訊量太多了，所以將透過一些現有 Java 程式碼的範例來說明什麼是 lambda 表達式。讓我們從一個用於在程式碼庫中表示回呼的介面開始：ReceiverEndPoint，如範例 7-10 所示。

範例 7-10　*ReceiverEndPoint*

```
public interface ReceiverEndPoint {
    void onTwoot(Twoot twoot);
}
```

在本例中，我們將建立一個提供 ReceiverEndPoint 介面實作的新物件。這個介面只有一個 onTwoot 方法，當 Twootr 物件要向 UI 轉接器發送 Twoot 物件時會呼叫這個方法。範例 7 -11 中所列出的類別提供了此方法的實作。在本例中，為了簡單起見，我們只是在命令列上列印出來，而不是將序列化版本發送到真正的 UI。

範例 7-11　*ReceiverEndPoint*

```java
public class PrintingEndPoint implements ReceiverEndPoint {
    @Override
    public void onTwoot(final Twoot twoot) {
        System.out.println(twoot.getSenderId() + ": " + twoot.getContent());
    }
}
```

 這實際上是行為參數化的一個範例，我們把各種不同的行為參數化以便將訊息傳送到 UI。

這裡需要用到 7 行程式模板來呼叫實際有作用的一行程式碼，匿名內部類別主要是為了讓 Java 程式設計師更容易表示和傳遞行為。猶如在範例 7-12 中所示，雖然稍微簡化了一些模板，但是如果你想讓傳遞行為變得非常簡單，那麼它顯然還不夠。

範例 7-12　用匿名類別來實作 *ReceiverEndPoint*

```java
final ReceiverEndPoint anonymousClass = new ReceiverEndPoint() {
    @Override
    public void onTwoot(final Twoot twoot) {
        System.out.println(twoot.getSenderId() + ": " + twoot.getContent());
    }
};
```

然而，模板還不是唯一的問題：這段程式碼讓人相當難以理解，因為它模糊了程式設計師真正的意圖。我們不想傳入一個物件；我們真正想做的是傳遞一些行為。在 Java 8 或之後的版本中，我們會把這個程式碼範例寫成一個 lambda 表達式，如範例 7-13 所示。

範例 7-13　用 *lambda* 表達式實作 *ReceiverEndPoint*

```java
final ReceiverEndPoint lambda =
    twoot -> System.out.println(twoot.getSenderId() + ": " + twoot.getContent());
```

我們所傳遞的不是一個實作出介面的物件，而是一個程式碼區塊 ——一個沒有名稱的函式。twoot 是參數的名稱，與匿名內部類別範例中的參數相同。「 -> 」將參數與 lambda 表達式的主體分離，該 lambda 表達式只不過是在發佈 twoot 時所執行的一些程式碼。

這個例子和匿名內部類別的另一個區別是我們如何宣告變數事件。以前，我們需要明確提供其型別：Twoot twoot。在這個例子中，我們根本沒有提供型別，但是這個範例仍然可以編譯。實際上，javac 是從上下文推斷出變數事件的型別（這裡是根據 onTwoot 的簽名）。這意味著，當型別很明顯時，你不需要明確地寫出它。

儘管 lambda 方法參數需要的模板程式碼比以前少，但它們仍然是靜態型別。為了可讀性和熟悉性，你可以選擇包含型別宣告，但有時編譯器無法做到這一點！

方法參照

你可能有注意到一個常見的習慣用法是，建立一個根據其參數來呼叫方法的 lambda 表達式。如果我們想要一個 lambda 表達式來獲取 Twoot 的內容，我們可以寫成類似範例 7-14 的內容。

範例 7-14　取得一個 *twoot* 的內容

```
twoot -> twoot.getContent()
```

這是一種很常見的習慣用法，實際上有一種簡化的語法可以讓你重複使用現有的方法，稱為方法參照（method reference）。如果我們用方法參照來撰寫前述的 lambda 表達式，看起來會像範例 7-15。

範例 7-15　方法參照

```
Twoot::getContent
```

標準寫法是 Classname::methodName。請記住，即便是一個方法，也不需要使用方括號，因為你沒有真正呼叫這個方法。你提供了一個等效的 lambda 表達式，可以用來呼叫該方法。你可以在與 lambda 表達式相同的位置使用方法參照。

你也可以用相同的簡化語法來呼叫建構子。如果你要用 lambda 表達式來建立 SenderEndPoint，可以寫成範例 7-16 的型式。

範例 7-16　用 *lamda* 表達式建立新的 SenderEndPoint

```
(user, twootr) -> new SenderEndPoint(user, twootr)
```

你還可以用方法參照的型式來寫，如範例 7-17 所示。

範例 7-17　用方法參照建立新的 SenderEndPoint

```
SenderEndPoint::new
```

這段程式碼不僅更短，而且更容易閱讀。SenderEndPoint::new 會馬上告訴你，你正在建立一個新的 SenderEndPoint，而不需要掃描整行程式碼。這裡有另外一件事要注意，只要你有正確的函式介面，方法參照就會自動支援多個參數。

當我們第一次探索 Java 8 做了哪些改變時，有一個朋友說方法參照「該人感覺像在作弊」。他的意思是，看我們如何用 lambda 表達式把程式碼當作資料來傳遞時，感覺就像作弊一樣可以直接參照一個方法。

實際上，方法參照確實使得一級函式的概念變得明確，這就是我們可以把行為當作一個值來傳遞的概念。例如，我們可以將函式組合在一起。

前後圍繞執行樣式

前後圍繞執行（*Execute Around*）樣式是一種常見的函數式設計樣式。你可能會遇到這樣一種情況：你總是希望執行相同的初始化和清理程式碼，但是要將在初始化和清理程式碼之間執行的不同業務邏輯參數化。一般的樣式如圖 7-1 所示。一些可以使用前後圍繞執行的例子如下：

檔案

在使用檔案之前必須先開啟檔案，在使用完檔案後要關閉它。你還可能希望在出錯時記錄異常。而參數化的程式碼可以是讀取或寫入檔案。

鎖定

在臨界區域之前先取得一個鎖，在臨界區之後再釋放鎖。要參數化的程式碼則是臨界區域。

資料庫連線

初始化時打開到資料庫的連線，完成後將其關閉。如果將資料庫連線方式池化，通常會更有用，因為它還允許你的開啟邏輯檢索連線池中的資源。

圖 7-1　前後圍繞樣式

因為初始化和清理邏輯在很多地方都有用到，所以可能會有這個邏輯重複出現的情況。這意味著，如果你想修改這個通用的初始化或清理程式碼，則必須修改應用程式中好幾個不同的部分。這造成了這些不同的程式碼片段可能會變得不一致的風險，從而將潛在的 bug 帶入你的應用程式中。

前後圍繞執行樣式透過將定義初始化和清理程式碼的共通方法提取出來解決了這個問題。此方法接受的參數包含相同總體樣式的使用案例之間不同的行為。該參數將使用一個介面來實作不同的程式區塊，這些區塊通常用的是 lambda 表達式。

範例 7-18 顯示了 extract 方法的具體例子，是用在 Twootr 中對資料庫執行 SQL 敘述。它為給定的 SQL 語法建立一個預備敘述物件，然後以該敘述執行 extractor。extractor 只是一個提取結果的回呼函式，也就是用 PreparedStatement 從資料庫讀取一些資料。

範例 7-18　在 _extract_ 方法中使用前後圍繞樣式

```
<R> R extract(final String sql, final Extractor<R> extractor) {
    try (var stmt = conn.prepareStatement(sql, Statement.RETURN_GENERATED_KEYS)) {
        stmt.clearParameters();
        return extractor.run(stmt);
    } catch (SQLException e) {
        throw new IllegalStateException(e);
    }
}
```

串流

Java 中最重要的函數式程式設計功能集中在集合 API 和串流（_Streams_）上。串流讓我們能夠在比迴圈更高的抽象級別上撰寫程式碼來處理集合。Stream 介面包含一系列我們將在本章中探索的函式，每個函式對應於你可能在 Collection 上執行的一個常見操作。

map()

如果你有一個函式可以將一種型別的值轉換為另一種型別的值，map() 可以讓你把這個函式應用於一個值的串流，以產生另一個新值的串流。

你可能已經用 for 迴圈做了很多年的對映操作了，在我們的 DatabaseTwootRepository 中，我們建構了一個值組，用來查詢 String，該字串包含使用者關注的不同使用者的所有 id 值。每個 id 都是一個用引號括起來的 String，整個值組由括弧括起來。例如，如果他們所關注的 id 為「richardwarburto」和「raoulUK」的使用者，我們將產生一個值組 String「（*richardwarburto, raoulOK*）」。為了產生這個值組，你將使用對映樣式，將每個 id 轉換為「*id*」，再把它們添加到 List 中，然後可以用 String.join() 方法用逗號將它們連接起來，範例 7-19 就是用這種風格所撰寫的程式碼。

範例 7-19　用 for 迴圈建構使用者值組

```
private String usersTupleLoop(final Set<String> following) {
    List<String> quotedIds = new ArrayList<>();
    for (String id : following) {
        quotedIds.add("'" + id + "'");
    }
    return '(' + String.join(",", quotedIds) + ')';
}
```

map() 是最常用的 Stream 操作之一，範例 7-20 也同樣是建構使用者值組，但改成用 map() 來建構。它還利用了 joining() 收集器，將 Stream 中的元素連接到一個 String 中。

範例 7-20　用 map 建構使用者值組

```
private String usersTuple(final Set<String> following) {
    return following
        .stream()
        .map(id -> "'" + id + "'")
        .collect(Collectors.joining(",", "(", ")"));
}
```

傳遞給 map() 的 lambda 表達式都接受一個唯一的引數 String，並且會傳回一個 String。引數和結果不必是同一型別，但是傳入的 lambda 表達式必須是 Function 的實例，這是一個只有一個引數的泛型函式介面。

forEach()

當你希望對串流中的每個值執行額外的動作時，則 forEach() 操作非常有用。例如，假設你希望列印出使用者名稱，或者將串流中的每筆交易保存到資料庫中。forEach() 接受一個引數 —— 用串流中的每個元素當作引數來調用 Consumer 回呼函式。

filter()

每當你在迴圈中處理某些資料並使用 if 敘述檢查每個元素時，可能要考慮使用 Stream. filter() 方法。

例如，InMemoryTwootRepository 需要查詢不同的 Twoot 物件，以便找到滿足其 TwootQuery 的 Twoot。具體地說，就是該位置位於最後一次看到的位置之後，並且該使用者正在被關注，範例 7-21 為寫成 for 迴圈樣式的例子。

範例 7-21　在迴圈中處理 twoot 並且用到 if 敘述

```java
public void queryLoop(final TwootQuery twootQuery, final Consumer<Twoot> callback) {
    if (!twootQuery.hasUsers()) {
        return;
    }

    var lastSeenPosition = twootQuery.getLastSeenPosition();
    var inUsers = twootQuery.getInUsers();

    for (Twoot twoot : twoots) {
        if (inUsers.contains(twoot.getSenderId()) &&
            twoot.isAfter(lastSeenPosition)) {
            callback.accept(twoot);
        }
    }
}
```

你可能已經寫過像這樣的程式碼：叫做 filter 樣式。過濾程式的中心思想是保留 Stream 中的一些元素，同時排除其他元素。範例 7-22 展示了如何用函數式風格撰寫相同的程式碼。

範例 7-22　函數式風格

```java
@Override
public void query(final TwootQuery twootQuery, final Consumer<Twoot> callback) {
    if (!twootQuery.hasUsers()) {
        return;
```

```
        }

        var lastSeenPosition = twootQuery.getLastSeenPosition();
        var inUsers = twootQuery.getInUsers();

        twoots
            .stream()
            .filter(twoot -> inUsers.contains(twoot.getSenderId()))
            .filter(twoot -> twoot.isAfter(lastSeenPosition))
            .forEach(callback);
    }
```

就像 map() 一樣，filter() 方法只接受單一函式作為引數，這裡我們是用 lambda 表達式。此函式執行的任務與前面 if 敘述中的表達式執行的任務相同。在這裡，如果 String 以數字開頭，則傳回 true。如果你正在重構傳統程式碼，那麼在 for 迴圈中出現 if 敘述是一個非常強烈的信號，表示你確實需要使用過濾器。因為這個函式執行的任務與 if 敘述相同，所以對於給定的值，它必須傳回 true 或 false。經過 filter 之後的 Stream 不但具有原先 Stream 的元素，而且其值評估的結果為 true。

reduce()

對於使用迴圈對集合進行操作的人來說，reduce 也是一個熟悉的樣式。你可以撰寫 reduce 程式碼來將整個值的列表縮減為一個值，例如，查找不同交易的所有值的總和。範例 7-23 顯示了撰寫迴圈時會用到 reduce 的一般樣式。當你有一組值並想要產生成單一結果時，請使用 reduce 操作。

範例 7-23　*reduce 樣式*

```
    Object accumulator = initialValue;
    for (Object element : collection) {
     accumulator = combine(accumulator, element);
    }
```

一個 accumulator 被推入迴圈的主體，而 accumulator 的最終值就是我們所要計算的值。accumulator 一開始被派一個 initialValue 的初始值，然後透過呼叫 combine 操作與清單中的每個元素結合在一起。

此樣式的實作之間的差異在於 initialValue 和組合函式。在原始範例中，我們以清單中的第一個元素作為 initialValue，但不一定要如此。為了在清單中找到最短的值，我們的 combine 將傳回當前元素和累加器中較短的軌跡。現在我們就來看看如何透過串流 API 本身中的操作來撰寫這個通用樣式。

讓我們透過添加一個特性來示範 reduce 操作，該特性將不同的 twoot 組合到一個大的 twoot 中。該操作將有一個 Twoot 物件清單、Twoot 的發送方，以及作為引數的 id。它需要將不同內容的值組合在一起，並傳回組合的兩個值的最高位置，整段程式碼如範例 7-24 所示。

我們首先用 id、senderId 建立一個新的 Twoot 物件，該物件的內容是空的，位置則是最低的可能值 INITIAL_POSITION。接著 reduce 會將每個元素與 accumulator 折疊在一起，每一步都將元素與 accumulator 結合在一起。當我們到達最後一個 Stream 元素時，accumulator 將會是所有元素的總和。

lambda 表達式又稱為縮減器，執行組合並接受兩個引數，其中 acc 是 accumulator，保存之前已經合併的 twoot。它也會傳入 Stream 中目前的 Twoot。我們範例中的縮減器建立了一個新的 Twoot，其中包含兩個位置中較大的值、它們內容的串連，以及指定的 id 和 senderId。

範例 7-24　用 *reduce* 實作加總運算

```
private final BinaryOperator<Position> maxPosition = maxBy(comparingInt(Position::
getValue));

Twoot combineTwootsBy(final List<Twoot> twoots, final String senderId, final String
newId) {
    return twoots
        .stream()
        .reduce(
            new Twoot(newId, senderId, "", INITIAL_POSITION),
            (acc, twoot) -> new Twoot(
                newId,
                senderId,
                twoot.getContent() + acc.getContent(),
                maxPosition.apply(acc.getPosition(), twoot.getPosition())));
}
```

當然，這些 Stream 操作本身並沒有什麼意義，不過當你把它們組合在一起形成一個管道時，就會變得非常強大。範例 7-25 展示了來自 Twootr.onSendTwoot() 的一些程式碼，其中我們將 twoot 發送給使用者的關注者。第一步是呼叫 follower() 方法，該方法傳回一個 Stream<User>。然後用 filter 操作來查找實際登錄的使用者，我們希望將 twoot 發送給這些使用者。然後利用 forEach 操作來產生所需的副作用：向使用者發送 twoot 並記錄結果。

```
user.followers()
    .filter(User::isLoggedOn)
    .forEach(follower ->
    {
        follower.receiveTwoot(twoot);
        userRepository.update(follower);
    });
```

可選項

可選項（Optional）是 Java 8 所推出的核心 Java 函式庫資料型別，旨在提供比空值更好的選擇。有許多人對於舊的空值相當厭惡，甚至連發明這一概念的東尼・霍爾（Tony Hoare）也將其描述為「我的億萬美元錯誤」（*https://oreil.ly/OaXWj*）。這就是身為一個有影響力的電腦科學家所面臨的問題：你可能會犯下數十億美元的錯誤，而自己卻根本看不到那數十億美元！

null 通常用於表示沒有值，這是 Optional 所要替代的使用案例。以 null 表示沒有值的問題是，會造成令人畏懼的 NullPointerException。如果你所參照的變數是空的，你的程式碼可能會崩潰。Optional 的目標有兩個。首先，它鼓勵程式設計人員適當地檢查變數是否不存在，以避免出現錯誤。其次，它記錄了在一個類別的 API 中可能不存在的值，這樣更容易看到屍體到底埋在哪裡。

讓我們來看看 Optional 的 API，以便瞭解如何使用它。如果你希望從一個值建立一個 Optionsl 實例，有一個稱為 of() 的工廠方法（factory method）樣式。Optional 現在是這個值的容器，可以用 get 把值提取出來，如範例 7-26 所示。

範例 7-26　用一個值建立可選項

```
Optional<String> a = Optional.of("a");

assertEquals("a", a.get());
```

因為 Optional 也可能表示不存在的值，所以還有一個稱為 empty() 的工廠方法，你可以用 ofNullable() 將可空值轉換為 Optional。你可以在範例 7-27 中看到這兩種方法，以及 isPresent() 的用法，該方法能指出 Optional 的內容是否有值。

範例 7-27　建立一個空的 *Optional* 物件並檢查它是否有值

```
Optional emptyOptional = Optional.empty();
Optional alsoEmpty = Optional.ofNullable(null);

assertFalse(emptyOptional.isPresent());

// a is defined above
assertTrue(a.isPresent());
```

使用 Optional 的一種做法是透過檢查 isPresent() 來保護對 get() 的呼叫。這是必須的，因為對 get() 的呼叫可能引發 NoSuchElementException。不幸的是，這種方法並不是用 Optional 寫程式的好樣式。如果你以這種方式使用 Optional，那麼你實際上所做的就是複製使用 null 的現有樣式：以檢查一個值是否不為 null 來作為保護措施。

一種比較簡潔的做法是呼叫 orElse() 方法，它在 Optional 為空時提供一個替代值。如果建立替代值需要花很多時間來計算，就應該使用 orElseGet() 方法。這讓你得以僅在 Optional 真正為空時呼叫 Supplier 函式。範例 7-28 展示了這兩種方法。

範例 7-28　使用 *orElse()* 和 *orElseGet()*

```
assertEquals("b", eMptyOptlonal.orElse("b"));
assertEquals("c", eMptyOptlonal.orElseGet(() -> "c"));
```

Optional 還定義了一系列可以像串流 API 那樣使用的方法；例如，filter()、map() 和 ifPresent()。你可以將這些方法應用到與 Stream API 類似的 Optional API，但在這種情況下，Stream 只能包含元素 1 或 0。因此，如果 Optional 滿足條件，那麼 Optional.filter() 將在 Optional 中保留一個元素；但是如果 Optional 之前是空的或者謂詞無法應用，則傳回空的 Optional。同樣地，map() 會轉換 Optional 內部的值，但如果它是空的，則根本就不應使用該函式。這就是為什麼這些函式比使用 null 更安全的原因 —— 因為它們只有在 Optional 中有真正的內容時才會對其進行操作。ifPresent 是 forEach 的 Optional 對偶；如果其中有值，它會應用 Consumer 回呼，否則就不會應用。

你可以在範例 7-29 中看到從 Twoor.onLogon() 方法摘錄的程式碼。其說明了如何將這些不同的操作組合在一起，以執行更複雜操作的例子。首先，透過呼叫 UserRepository.get() 用 ID 來查找 User，它會傳回一個 Optional。然後，用 filter 驗證使用者的密碼是否相符。我們用 ifPresent 來通知 User 他們所錯過的 twoot。最後，將 User 物件 map 到該方法傳回的新 SenderEndPoint 中。

範例 7-29　在 onLogon 方法中使用 Optional

```
var authenticatedUser = userRepository
    .get(userId)
    .filter(userOfSameId ->
    {
        var hashedPassword = KeyGenerator.hash(password, userOfSameId.getSalt());
        return Arrays.equals(hashedPassword, userOfSameId.getPassword());
    });

authenticatedUser.ifPresent(user ->
{
    user.onLogon(receiverEndPoint);
    twootRepository.query(
        new TwootQuery()
            .inUsers(user.getFollowing())
            .lastSeenPosition(user.getLastSeenPosition()),
        user::receiveTwoot);
    userRepository.update(user);
});

return authenticatedUser.map(user -> new SenderEndPoint(user, this));
```

在本節中,我們實際上只觸及了函數式程式設計的表面。如果你有興趣更深入地學習函數式程式設計,我們推薦 *Java 8 in Action*(*https://oreil.ly/wGimJ*)和 *Java 8 Lambdas*(*https://oreil.ly/hDrjH*)。

使用者介面

在本章中,我們避免討論太多這個系統的使用者介面,因為我們重點是放在核心問題領域的設計。也就是說,為了瞭解事件建模是如何結合在一起的,有必要深入研究一下範例專案 UI 部分的交付內容。在範例專案中,我們提供了一個用 JavaScript 實作其動態功能的單頁網站。為了保持簡單並且不深入鑽研無數的框架之爭,我們只用了 jquery 來更新原始的 HTML 頁面,但是在程式碼中保留了簡單的關注點分離。

當你瀏覽到 Twootr 網頁時,它會使用 WebSockets 連線回到主機。這是在第 117 頁的「從事件到設計」中所討論的事件通訊選擇之一,與它通訊的所有程式碼都位於 chapter_06 的 web_adapter 子套件中。WebSocketEndPoint 類別實作了 ReceiverEndPoint 並調用了 SenderEndPoint 上所需的任何方法。例如,當 ReceiverEndPoint 接收並解析訊息以便關注另一個使用者時,它會調用 SenderEndPoint.onFollow() 來傳遞使用者名稱。而傳回的 enum,也就是 FollowStatus 被轉換成可透過網路傳輸的格式,並寫入 WebSocket 連線。

JavaScript 前端和伺服器之間的所有通訊都是依照 JavaScript 物件表示法（*JavaScript Object Notation*，JSON）標準來完成的（*http://www.json.org/*）。之所以選擇 JSON，是因為 JavaScript UI 很容易反序列化或序列化。

在 WebSocketEndPoint 中，我們需要在 Java 程式碼中與 JSON 格式進行對映。有許多函式庫可以用於此目的，這裡我們選擇很常用而且維護良好的 Jackson 函式庫（*https://github.com/FasterXML/jackson*）。JSON 經常用於採取請求／回應方式而不是事件驅動方式的應用程式。在我們的例子中，我們從 JSON 物件中手動提取欄位以保持簡單，但是也可以使用更高階的 JSON API，例如 JSON 綁定（JSON-B）API。

依賴倒置和依賴注入

在本章中，我們已經討論了很多關於解耦樣式的內容。我們的整個應用程式利用通訊埠和轉接器樣式以及儲存庫樣式來將業務邏輯從實作細節中分離出來。事實上，當我們看到這些樣式時，可以想到一個統一的大原則：依賴倒置（*Dependency Inversion*）。依賴倒置原則是我們在本書中談到的五種 SOLID 樣式中的最後一種，和其他的樣式一樣，它也是由羅伯特・馬丁提倡的。它指出：

- 高階模組不應該依賴於低階模組，兩者都應該依賴於抽象化。

- 抽象化不應該依賴於細節，細節應該依賴於抽象化。

這個原理被稱為倒置，因為在傳統的命令式結構化程式設計中，通常是先寫出高階模組再分解成低階模組。這通常是我們在本章中談到的由上而下設計的副作用。你先將一個大問題分解成不同的子問題，再撰寫一個模組來解決每個子問題，這麼一來，主要問題（高階模組）就會依賴於子問題（低階模組）。

在 Twootr 的設計中，我們藉由抽象化來避免這個問題。我們有一個高階的入口點類別，稱為 Twootr，它不依賴於低階模組，比如 DataUserRepository，而是依賴於抽象化的 UserRepository 介面。我們在 UI 通訊埠執行同樣的倒置。Twootr 不依賴於 WebSocketEndPoint，而是依賴於 ReceiverEndPoint。我們設計的是介面，而不是實作。

有一個相關的術語是依賴注入（*Dependency Injection*，DI）的概念。為了瞭解什麼是依賴注入以及為什麼需要它，讓我們對設計進行一個思維實驗。假設我們的架構已經確定，為了儲存 User 和 Twoot 物件，主要的 Twootr 類別必須依賴於 UserRepository 和 TwootRepository。我們在 Twootr 中定義了欄位來儲存這些物件的實例，如範例 7-30 所示。問題是，我們如何產生它們的實例？

```
public class Twootr
{
    private final TwootRepository twootRepository;
    private final UserRepository userRepository;
}
```

把資料填入欄位的第一個策略是嘗試用 new 關鍵字來呼叫建構子，如範例 7-31 所示。在這裡，這裡我們已經將基於資料庫儲存庫的用法寫死在程式碼庫中。現在，類別中的大部分程式碼仍然與介面有關，所以我們可以很容易地更改這裡的實作，而不需要替換所有程式碼，但這有點麻煩。我們必須自始至終都使用資料庫儲存庫，這意味著我們對 Twootr 類別的測試依賴於資料庫，而且執行起來會比較慢。

不僅如此，如果我們想為不同的客戶提供不同版本的 Twootr，例如供企業客戶內部使用的 SQL 版本的 Twootr 和使用 NoSQL 後端的雲端版本。我們將不得不從兩個不同版本的程式碼庫中削減建構。僅僅定義介面和單獨的實作是不夠的，我們還必須有一種方式來連接到正確的實作，而且這種方式不能破壞我們的抽象化和解耦方法。

範例 7-31　硬編碼欄位實例化

```
public Twootr()
{
    this.userRepository = new DatabaseUserRepository();
    this.twootRepository = new DatabaseTwootRepository();
}

// 如何開始 Twootr
Twootr twootr = new Twootr();
```

「抽象工廠設計（Abstract Factory Design）」樣式常用來實例化不同的依賴關係，如範例 7-32 所示。其中有一個工廠方法，我們可以用 getInstance() 方法建立介面的實例。當我們想設定正確實作來使用時，可以呼叫 setInstance()。因此，我們可以在測試中使用 setInstance() 來建立在記憶體中的實作、在內部安裝中使用 SQL 資料庫，或者在雲端環境中使用 NoSQL 資料庫。至此我們已經將實作與介面解耦，可以在任何我們想要的地方呼叫這些連線程式碼。

範例 7-32　用工廠樣式建立實例

```
public Twootr()
{
    this.userRepository = UserRepository.getInstance();
```

```
    this.twootRepository = TwootRepository.getInstance();
}

// 如何開始 Twootr
UserRepository.setInstance(new DatabaseUserRepository());
TwootRepository.setInstance(new DatabaseTwootRepository());
Twootr twootr = new Twootr();
```

遺憾的是，這種工廠方法也有它的缺點。首先，我們現在已經建立了一個共享可變狀態的大環境。任何情況下，我們都想用具有不同依賴關係的不同 Twootr 實例的單一 JVM 是不可能的。我們還將生命週期耦合在一起，也許我們有時想在啟動 Twootr 時產生一個新的 TwootRepository 實例，或者有時想重複使用一個現有的，但工廠方法不允許我們直接這樣做。如果我們想為應用程式中建立的每個依賴項都設置一個工廠也會變得相當複雜。

這就是依賴注入的作用，DI 可以看作是好萊塢特星探做法的一個例子：不要打電話給我們，我們會打電話給你。使用 DI 無需明確地指明要建立依賴關係或者用工廠來建立依賴關係，只需使用一個參數，而實例化的任何物件都有責任傳入所需的依賴關係。這可能是傳入模擬的測試類別的設定方法，也可能是傳入實作 SQL 資料庫應用程式的 main() 方法。範例 7-33 顯示了在 Twootr 類別中使用這種方法的一個範例。依賴倒置是一種策略；而依賴注入和儲存庫樣式則是戰術。

範例 7-33　用依賴注入建立實例

```
public Twootr(final UserRepository userRepository, final TwootRepository
twootRepository)
{
    this.userRepository = userRepository;
    this.twootRepository = twootRepository;
}
// 如何開始 Twootr
Twootr twootr = new Twootr(new DatabaseUserRepository(), new
DatabaseTwootRepository());
```

以這種方式取用物件，不僅使得為物件撰寫測試變得更容易，而且它的優點是將物件本身的建立外部化。這讓你的應用程式碼或框架能夠控制何時建立 UserRepository，以及將哪些依賴項接入其中。許多開發人員發現使用 DI 框架很方便，比如 Spring 和 Guice，它們在基本 DI 之上提供了許多功能。例如，它們定義了標準化 hook bean 的生存期，這些 hook 在物件實例化之後或在必要時銷毀物件之前被呼叫。它們還可以為物件提供作用範圍，例如在程序或每次請求的生存期內僅實例化一次的單例（Singleton）物件。此外，這些 DI 框架通常能很好地掛接到 Dropwizard 或 Spring Boot 等網頁開發框架中,並提供高效能的開箱即用體驗。

套件與建構系統

Java 允許你將程式碼庫拆分為不同的套件。在本書中,我們將每一章的程式碼都放到了它自己的套件中,Twootr 是我們在專案本身中分離出多個子套件的第一個專案。

專案中會看到以下不同元件的套件:

- com.iteratrlearning.shu_book.chapter_06 是專案的頂層套件。

- com.iteratrlearning.shu_book.chapter_06.database 包含用於 SQL 資料庫持久保存的轉接器。

- com.iteratrlearning.shu_book.chapter_06.in_memory 包含用於記憶體內資料持久保存的轉接器。

- com.iteratrlearning.shu_book.chapter_06.web_adapter 包含基於 WebSocket 的 UI 轉接器。

將大型專案分割成不同套件有助於建構程式碼,並讓開發人員更容易找到它們。就像類別將相關的方法和狀態分成同一組一樣,套件也將相關的類別分成同一組。套件應該遵照與類別類似的耦合和內聚規則。當類別可能同時更改並且與同一結構相關時,將它們放在同一個套件中。例如,在 Twootr 專案中,如果我們想要修改 SQL 資料庫持久保存的程式碼,就會轉到 database 子套件。

套件還可以支援資訊隱藏,我們在範例 4-3 中討論了使用以套件為範圍的建構子來防止物件在套件之外被實例化的想法。我們還可以為類別和方法界定套件的作用範圍,這可以防止套件外的物件存取類別的細節,並幫助我們實現鬆散耦合。例如,WebSocketEndPoint 是位於 web_adapter 套件中的 ReceiverEndPoint 介面的套件範圍內的實作,專案中的任何其他程式碼都不應該直接與此類別通訊,只能透過作為通訊埠的 ReceiverEndPoint 介面。

我們在 Twootr 為每個轉接器提供一個套件的方法,非常適合我們在整個模組中使用的六邊形架構樣式。然而,並不是每個應用程式都是六邊形的,在其他專案中可能會遇到兩種常見的套件結構。

一種很常見的將套件結構化的方法是，將它們分成不同的層次結構。例如，將所有在網站中產生 HTML 視圖的程式碼分組到一個 views 套件中，並將所有與處理網頁請求相關的程式碼分組到一個 controller 套件中。儘管這種方式很受歡迎，但這可能是一個糟糕的結構選擇，因為它會導致較差的耦合和內聚性。如果你想修改現有的網頁，以增加額外的參數並根據該參數顯示一個值，你最終將觸及 controller 和 view 套件，可能還會觸及其他幾個套件。

另一種結構化程式碼的方法是，根據特性對程式碼進行分組。因此，比方說如果你正在撰寫一個電子商務網站，則可能有一個購物車相關的 cart 套件、一個跟產品清單相關的 product 套件、一個與金融卡付款相關的 payment 套件等等。這通常可以更有凝聚力。如果你想增加接受 Mastercard 和 Visa 付款的支援，則只需要修改 payment 套件。

在第 55 頁的「使用 Maven」中，我們討論了如何使用 Maven 建構工具設定一個基本的建構結構。在本書的專案結構中，我們有一個 Maven 專案，而書中不同章節是該專案中的不同 Java 套件。這是一個很好且簡單的專案結構，適用於各種不同的軟體專案，但這並不是唯一的做法。Maven 和 Gradle 都提供了從單一頂層專案建構和輸出許多建構組件的專案結構。

想要部署不同的建構組件也很合理，例如，假設你有一個客戶端 / 伺服器專案，而你想要一次同時建構客戶端和伺服器，但是客戶端和伺服器是在不同機器上執行的不同二進位檔案。不過，最好不要過度考慮或過度模組化建構腳本。

它們是你和你的團隊將在機器上定期執行的東西，它們的首要任務是簡單、快速和易於使用。這就是為什麼我們在整本書中只設計一個專案，而不是把每個子模組都當作一個專案。

限制和簡化

你已經看到了我們如何實作 Twootr，並一路瞭解了我們的設計決策，但這是否意味著我們目前看到的 Twootr 程式碼庫是唯一或最好的撰寫方法呢？當然不是！事實上，為了方便在一章中解釋程式碼庫，我們刻意採取了一些限制和簡化的方法。

首先，我們將 Twootr 寫得好像它將在單一執行緒上執行一樣，並且完全忽略了並行處理的問題。在實務上，我們可能會希望在 Twootr 實作中有多個執行緒回應和發出事件。這樣我們就可以利用現代的多核心 CPU，在一台機器上為更多的客戶服務。

從更大的宏觀角度來看，我們還忽略了任何類型的容錯移轉，如果託管服務的伺服器發生故障，這些容錯移轉將允許服務繼續運行。我們還忽略了可擴展性。例如，要求所有的 twoot 都有一個定義好的順序，這在一台伺服器上實現起來既簡單又高效，但是卻會帶來嚴重的可擴展性和爭用瓶頸。同樣地，在登錄時看到所有的 twoot 也會造成瓶頸。如果你去度假一個星期，當你重新登錄時，將會一次收到 20,000 個 twoot！

詳細討論這些問題超出了本章的範圍。但是，如果你希望進一步使用 Java，這些都是重要的主題，我們計畫在本系列的後續書籍中更詳細地討論它們。

重點整理

- 你現在可以用儲存庫樣式將資料儲存與業務邏輯解耦。

- 在這種方法中，你已經看到了兩種不同類型的儲存庫實作。

- 我們為你介紹了函數式程式設計的概念，包括 Java 8 串流。

- 你已經知道如何用不同的套件來組織一個更大的專案。

延伸練習

如果你想擴展和鞏固本章的知識，可以嘗試以下活動之一。

假設我們在 Twootr 中採用了拉動模型，沒有透過 WebSockets 將訊息持續推播到以瀏覽器為基礎的客戶端，而是使用 HTTP 來輪詢自從某個位置之後的最新訊息。

- 透過腦力激盪思考我們的設計將如何改變。試著畫一個不同類別的圖，以及資料如何在它們之間流動。

- 利用 TDD 來實作這個 Twootr 替代模型。你不需要實作 HTTP 部分，只需實作遵守此模型的底層類別。

完成挑戰

我們開發了這個產品，而且效果很好。遺憾的是，Joe 意識到當他準備推出產品時，一個叫傑克的人已經發佈了一款類似的產品，有著相似的名稱、得到了數十億美元的創投資金，並擁有數億的使用者。而傑克只是比 Joe 早了 11 年；真的，喬的運氣實在是不太好。

第八章

結論

如果你讀到這裡，相信你已經喜歡這本書了，我們也很喜歡寫這本書。在這最後一章中，你會瞭解到你的程式設計生涯下一步該怎麼走。我們將提供一些建議，告訴你如何發展你的技能，並將自己身為開發人員的職業生涯推向一個新的高度。

以專案為基礎的結構

本書以專案為基礎的結構是為了幫助你更容易瞭解軟體開發的概念。我們為你介紹了軟體專案中的主題，以便讓你瞭解軟體工程決策的上下文。在軟體工程中，上下文是非常重要的，在一個上下文中可能是正確的決策，在另一個上下文中卻不那麼適用。許多開發人員由於誤以為子類別是程式碼重用的機制而過度使用和濫用子類別，希望我們在第 4 章已經打消了在你腦海中的這個念頭。

但是，你不能期待只讀一本書就能神奇地成為軟體開發專家，這需要實踐、經驗和耐心。本書只是來幫助你如何最佳化和改進這個過程。這就是為什麼我們在每一章中增加了「延伸練習」一節，它們提供了一些建議，告訴你如何進一步利用本書的內容來提高你的理解程度。

延伸練習

作為一個軟體開發人員，你可能經常以周而復始的方式來處理專案。也就是說，把一兩週內優先順序最高的工作項目切分出來，實作它們，然後利用回饋來決定下一組工作項目。我們發現，用同樣的方式來評估自己技能的進步，往往是值得的。

定期對自己進行回顧可以幫助你在必要的時候找出重點和方向。敏捷軟體開發經常涉及每週一次的回顧，但你個人並不需要如此頻繁地進行回顧，每季或每半年一次的回顧會非常有幫助。我們發現一個有用的話題是，評估哪些技能會對你當前或未來的工作有幫助。為了確保這些技能得到進步，為下一個季度設定一個目標是很有幫助的。這可以是要學習的東西，也可以是需要改進的東西。它不需要一個大的目標，比如學習一門全新的程式語言；它可以是一些簡單的東西，比如學習一個新的測試框架或幾個設計樣式。

當涉及到技能時，我們聽到了一些開發人員的反駁。一個經常被問到的問題是：「怎樣才能不斷地自我要求去學習新技術、實踐和原理？」這不容易，每個人都很忙，訣竅是不必擔心要去學習技術行業的一切，那肯定會讓你瘋掉！ 找到能長期為你服務的關鍵技能，並在你現有技能基礎上建立它，才能幫助你成為一名優秀的開發人員。最關鍵的是，要時刻提升自己，並且不斷地自我改進。

刻意練習

雖然本書已經涵蓋了很多成為一名優秀開發者所需要的關鍵概念和技能，但練習這些概念和技能更重要。單靠閱讀本身是不夠的，練習可以幫助你將這些技能內化並應用在自己所需的地方。在你的日常工作中，尋找適合應用不同技術的情況會有幫助。由於書中所描述的每一種樣式都有其適用的地方和不適用的地方，所以考慮某種技術在什麼情況下不適用也是有幫助的。

我們常常認為，天賦和智力是成功的最關鍵因素，但很多研究已經證實，實踐和工作才是真正的成功關鍵。如傑夫·科爾文（Geoff Colvin）的《天賦被高估了》（Portfolio，2008 年）和麥爾坎·葛拉威爾（Malcolm Gladwell）的《異數：超凡與平凡的界線在哪裡？》（Penguin，2009 年）評估了人生成功的一些關鍵因素，而其中最有效的就是刻意練習。

刻意練習是一種有目的、有系統的練習形式。刻意練習的目標是努力提高成效，需要集中精力和注意力。通常，當人們為了提高技能而練習時，他們只是在進行重複練習。一遍又一遍地做同樣的事情，並期望能做得更好，這不是最有效的方法。

有一個很好的例子就是我們在探索和學習 Eclipse Collections 函式庫的時候（*https://www.eclipse.org/collections/*）。為了有系統地理解和學習該函式庫，我們逐步學習了這個函式庫附帶的一套優秀的程式碼 Katas。為了確保我們真的理解，我們把 Katas 來回檢驗了三次。每一次我們都從頭開始，將我們的方案與之前的方案進行比較，找到更乾淨、更好、更快的方法。

問題是，重複個人行為意味著它們是自動的。因此，如果你在職業生涯中養成了壞習慣，最終可以透過在工作中的實踐自我教育。經驗會強化習慣，刻意練習是打破這種循環的方法。刻意練習可能包括有系統地練習書本上的新方法。這可能包括把一個以前解決過的小問題，用不同的方法反復解決。它可能涉及到去參加一些培訓課程，這些課程中的練習都是為了實踐而設計的。無論你走哪條路線，刻意練習都是長期磨練你的技能的關鍵，也是超越本書內容的關鍵。

後續步驟和其他資源

好了，希望你能相信這本書並不是學習的終點，但接下來你應該看什麼呢？

參與開源是學習更多軟體知識和拓展視野的好方法。許多最流行的 Java 開源項目，如 JUnit 和 Spring 都託管在 GitHub 上（*https://github.com/*）。有些專案可能會比其他專案更受歡迎，但開源維護者的工作往往都超過了負荷，因此他們的專案極需幫助。你可以查看 bug 追蹤記錄，看看有沒有什麼可以做的。

正規的培訓課程和線上學習是提高技能的另一種實用和受歡迎的方式。線上培訓課程越來越受歡迎，Pluralsight（*http://pluralsight.com/*）和歐萊禮學習平臺（*http://safaribooksonline.com/*）都提供了大量的 Java 培訓課程。

對開發人員來說，另一個極佳的資訊來源是部落格和推特。理查（Richard）（*http://twitter.com/richardwarburto*）和拉午耳（Raoul）（*https://twitter.com/raouluk*）都經常在推特上發佈關於軟體開發的連結。Reddit 程式設計（*http://reddit.com/r/programming*）經常充當一個強大的連結彙集的地方，駭客新聞（*http://news.ycombinator.com/*）也是如此。最後，本書作者經營的培訓公司（Iteratr Learning）也提供了一系列免費文章（*http://iteratrlearning.com/articles*），供大家閱讀。

感謝您閱讀本書。我們很感激您的想法和回饋，並祝您在 Java 開發人員的旅程中一切順利。

索引

※提醒您：由於翻譯書排版的關係，部份索引名詞的對應頁碼會和實際頁碼有一頁之差。

jOOQ , library for interacting with databases using intuitive API (jOOQ，用於使用直觀 API 與資料庫進行交談的函式庫), 107

JSON (JavaScript 物作表示法), 162

JUnit (Java 單元測試框架), 23

　creating automated test with (用 JUnit 建立自動化測試), 24

K

L

low coupling (低度耦合), 23

LSP (see Liskov substitution principle) (里氏替換原則)

M

W

WebSockets (網頁插座), 117

    securing against man-in-the-middle attacks (防
        止中間人攻擊), 126

X

XML files, benefits of using Gradle with (將
    Gradle 與 XML 檔配合使用的好處), 58

Y

YAGNI (You ain't gonna need it) (你將不會需要
    它), 144

關於作者

拉烏 - 蓋比歐‧烏爾瑪博士（**Dr. Raoul-Gabriel Urma**）是 Cambridge Spark 的總裁和創辦人，Cambridge Spark 是資料科學和人工智慧培訓、職業發展和進步的領導者。他是多本程式設計書籍的作者，包括最暢銷的《現代 *Java* 運轉中》（*Modern Java in Action*）（曼寧出版社）。拉烏 - 蓋比歐擁有劍橋大學電腦科學博士學位以及倫敦帝國理工學院電腦科學的工程碩士學位元，並以第一名的成績畢業，曾多次獲得技術創新獎。他的研究興趣在於程式語言、編譯器、原始程式碼分析、機器學習和教育領域。他在 2017 年被提名為 Oracle Java 冠軍。他也是一位經驗豐富的國際演講者，曾發表過涵蓋 Java、Python、人工智慧和商業的演講。拉烏曾為多個大型軟體工程專案的組織提供諮詢和服務，包括 Google、Oracle、eBay 和高盛。

理查‧沃伯頓博士（**Dr. Richard Warburton**）是 Opsian.com 的創辦人之一，也是 Artio FIX 引擎的維護者。他曾在不同領域從事開發工作，包括開發工具、HFT 和網路傳輸協定。他曾為 O'Reilly 撰寫了《*Java 8 Lambdas*》一書，並透過 *http://iteratrlearning.com* 和 *http://www.pluralsight.com/author/richard-warburton*，幫助開發人員學習。理查是一位經驗豐富的會議演講者，曾在幾十場活動中演講，並在歐洲和美國一些最大的會議中擔任會議委員會成員。他擁有華威大學的電腦科學博士學位。

出版記事

本書封面上的動物是一隻白領白眉猴（*Cercocebus torquatus*），是一種原生於舊大陸的猴子，生活在非洲西海岸一帶的草原上。白領白眉猴生活在沼澤和山谷中的森林棲息地，牠們大部分時間都待在樹上（爬到 100 英尺高），但也會在地上覓食，尤其是在旱季。牠們以水果、種子、堅果、植物、蘑菇、昆蟲和鳥蛋為食。

白領白眉猴因其頭部和頸部周圍的白色毛髮而得名，與身體的深灰色形成鮮明對比。猴子的頭上還有一塊醒目的栗紅色斑塊和白色的眼瞼（這使牠們本來就富於表情的臉更具特色）。該物種平均體重為 20-22 磅、高 18-24 英寸。像許多樹棲靈長類動物一樣，白領白眉猴有一條靈活的長尾巴，比牠的身體還要長，而拉丁文名字 *Cercocebus* 其實就是「尾猴」的意思。

白領白眉猴為群居動物，每群大約 10 到 35 隻，由雄性領袖、各式各樣的雌性和年幼的猴子組成。成年白領白眉猴通常獨自生活，直到它們能組成或找到一個群體（稱為曼加比群（group of mangabeys））來領導。白領白眉猴配備了大型的擴張喉囊，這些動物的聲音非常大，會發出大量的尖叫聲、咕嚕聲、咯咯聲和其他的叫聲，用來提醒團隊注意掠食者或警告入侵者。遺憾的是，白領白眉猴所發出的噪音也使牠們很容易成為人類捕獵者在叢林中尋找獵物的目標，以致於目前被列為瀕危物種。

歐萊禮封面上的許多動物都瀕臨滅絕；牠們對世界都很重要。

高生產力軟體開發實務｜以 Java 專案驅動的基礎指南

作　　者：Raoul-Gabriel Urma, Richard Warburton
譯　　者：張耀鴻
企劃編輯：蔡彤孟
文字編輯：詹祐甯
設計裝幀：陶相騰
發 行 人：廖文良

發 行 所：碁峰資訊股份有限公司
地　　址：台北市南港區三重路 66 號 7 樓之 6
電　　話：(02)2788-2408
傳　　真：(02)8192-4433
網　　站：www.gotop.com.tw
書　　號：A569
版　　次：2020 年 12 月初版
建議售價：NT480

國家圖書館出版品預行編目資料

高生產力軟體開發實務：以 Java 專案驅動的基礎指南 / Raoul-Gabriel Urma, Richard Warburton 原著；張耀鴻譯. -- 初版. -- 臺北市：碁峰資訊, 2020.12
　　面 ； 公分
　　譯自：Real-World Software Development: a project-driven guide to fundamentals in Java
　　ISBN 978-986-502-662-2(平裝)
　　1.Java(電腦程式語言)
312.32J3　　　　　　　　　　　　　　109017169